不好意思，你就输一辈子

迟双明
编著

成都时代出版社
CHENGDU TIMES PRESS

图书在版编目（CIP）数据

不好意思，你就输一辈子 / 迟双明编著 .-- 成都：成都时代出版社，2018. 8（2018. 9 重印）
ISBN 978-7-5464-2080-6
Ⅰ . ①不… Ⅱ . ①迟… Ⅲ . ①成功心理－通俗读物
Ⅳ . ① B848.4-49
中国版本图书馆 CIP 数据核字（2018）第 080912 号

不好意思，你就输一辈子
BUHAOYISI NIJIUSHUYIBEIZI
迟双明　编著

出 品 人	石碧川
责任编辑	李　佳
责任校对	王珍丽
装帧设计	范　磊
责任印制	唐莹莹
出版发行	成都时代出版社
电　　话	（028）86618667（编辑部）
	（028）86615250（发行部）
网　　址	www.chengdusd.com
印　　刷	三河市嵩川印刷有限公司
规　　格	880mm × 1230mm　1 / 32
印　　张	8
字　　数	150 千字
版　　次	2018 年 8 月第 1 版
印　　次	2018 年 9 月第 2 次印刷
印　　数	1-8000
书　　号	ISBN 978-7-5464-2080-6
定　　价	39.80 元

前　言

“不好意思”这个词平时并不太为人注意，当然也很少有人对它进行剖析。我们印象中的不好意思，大概不过是指脸皮儿薄、爱面子、好虚荣、胆小等。

谁能想到，这个词竟然可以关碍人生呢？因为脸皮儿薄错失机会，因为爱面子误入歧途，因为好虚荣铸成大错，因为胆小与幸福失之交臂……从某种意义上来说，“不好意思”确实有可能让你输掉一辈子。

本书从不同角度出发，精选近百篇美文，对“不好意思”进行全方面解读。虽然本书名为《不好意思，你就输一辈子》，但是并不旨在提倡“脸皮厚，吃个够”的生活理念，也不是要鼓动读者抛弃基本的自尊心，做一些非常“不好意思”的事——基本上，这些事大体也就与“坏事”无异了。本书主旨在于希望读者打破心理上的厚障壁，勇于释放自己，勇于追求幸福，勇于正视错误，勇于抛弃虚荣——说到底，就是要人勇敢直面自己，勇敢直面世界。勇敢，难道不是人生路上步步向上的永动力么？

内向的人未必一定是羞涩而紧张的，也未必时时刻刻都感觉不好意思，只要心中有底气，照样能够自信、坦然；外向的人未必都自信而坦然，如果心中没有底气，也会时时感觉不好意思。好意思与不好意思的区别，不过是心里有没有底气。有底气的人，不惮于直面惨淡的人生；没有底气的人，只想在“不好意思”的面具底下，白着一张脸仓皇逃遁。

如此说来，“不好意思”竟然是一个很重的词，借助它，可以检测我们的精神强度与灵魂厚度。今天，你很好意思地面对这个世界了吗？读过这本书之后，你可有更大的好意思面对世界？

闫荣霞

目　录

第一辑 …

不好意思，人性中致命的弱点

第二辑 …

很多事，总在“不好意思”中错失

第三辑 …

虚荣作祟累身心，死要面子活受罪

第四辑 · · ·

保护合理利益，别因不好意思受损

第五辑 …

放下一份面子，你的心灵会轻松

第六辑 …

少一分自卑，多一分自信，你会更“好意思”

第七辑 • • •

撕去不好意思的面纱，扫去阻碍人生的绊脚石

第一辑

不好意思，人性中致命的弱点

大声说出爱

●黄金梅

中午，女儿放学回家后，直奔厨房，郑重地来到穿着围裙在炉灶前忙活的我面前，大声说：“妈妈，我爱你。”

我一愣，反应过来后，竟激动得不能自已，想到女儿的诸般好处，孝顺乖巧懂事……一颗心绵软非常，俯下身子在女儿的小脸蛋上狠狠地亲了一口，饱含感情地回了句：“妈妈也爱你！”

女儿惊讶地看着我，蓦地激动起来，两眼放光，一张小脸儿兴奋地泛起两团红晕，身子一下子如软体动物一样黏在了我的身上。

一会儿，老公也下班回到家，女儿又对着老公大声说：“爸爸，我爱你。”老公微微一笑，放下包，身子往沙发里一埋，一脸了然地问：“老实说，是不是想买什么了？还是犯啥错误了？”

怎么这么猜度女儿？！我对老公严重不满。

孰知，女儿老老实实地交代这是老师布置的家庭作业，让她回家以后要对爸妈说“我爱你”，并把过程写下来。

原来这只是老师布置的家庭作业，我有点失落。

晚上，女儿兴奋地把班上同学完成家庭作业的情况告诉我，说很多同学的家长都和她爸一样，问孩子是不是想要什么还是犯了什么错误，还有的家长摸摸孩子的脑袋问孩子哪儿不舒服。最后，女儿一脸自豪地告诉我，像我这样的家长，班上只有一两个。

为什么大多家长包括老公会有那些反应？我想，这和中国的父母都太含蓄，心里面有再多的爱也仍然喜欢藏而不露有关，在他们的言传身教下，孩子普遍缺乏主动表达爱的意识 。让孩子学会表达爱，也许就是老师布置这份家庭作业的目的吧。由此，我蓦地想到自己还从未对父母说过爱呢！想到女儿说“爱”时我的美好感觉，我跃跃欲试，决定先在父亲身上试试。父亲一直是这个世上最爱我也是我最爱的男人，但他性格内向，一直是敏于行讷于言，我无法想象我说“爱”的时候，他会有怎样的反应。

周六，带女儿回了父母家。从进门这刻起，我一直在找合适的机会，想对父亲说出这重要的三个字。

终于得了机会，我为自己打着气，走到正干活的父亲面前，郑重地对父亲说：“爸爸，我爱您。”

父亲身子一震，从手中的活计里拨出视线，看向我。

我的目光勇敢地迎了上去。

父亲的眸子里、唇边漾出了笑意，一张脸慢慢地红了，眼睛很不自然地四下逡巡，像做贼似的，当发现没人时，他压低了声音，亲昵地嗔怪了我一句："小傻子。"

这天，父亲一直满脸带笑，看我的眼神，温柔极了。

父亲的反应让我尝到了甜头，我决定在母亲身上也试试这三个字，对母亲说这三个字很有难度，母亲脾气急躁，很小一点事情，都会大发脾气，我和母亲的关系向来不睦，常常三言两语便顶了起来。虽如此，扪心自问，心里还是爱母亲的。

后来，终于找了个机会，把这三个字对母亲说了出来，母亲很惊讶地看了我很久，朝着我"嘿嘿"地笑，什么话都没有说。只是，一段时间后，我惊讶地发现，母亲的感情变得细腻起来，她开始变得唠叨，越来越唠叨，也越来越慈爱。非但如此，母亲还开始打电话给我："梅儿，你什么时候回家啊？你爸爸想你了，在家生气呢，说你把他给忘了。"爸爸想我他不会自己打电话给我么，还劳她传话？愣了一会儿，自然明白了母亲的用意。

没想到"我爱你"这三个字有这么神奇的魔力，这一刻，我对布置这份特殊家庭作业的老师充满了感激；也幸亏我不再那么薄面皮，讲究那些无聊的"不好意思"。

我不喜欢你

●周海亮

我不喜欢你。你是否敢当着对方的面，做出这样的暗示？

甚至，你是否敢当着对方的面，说出这样的话？

我指的不是那种爱恋范围内的喜欢或不喜欢，而是社交范围内的喜欢或不喜欢。

生活里，总会有你不喜欢的人。与之交往时，你会感觉别扭、压抑、烦躁。也许没这么严重，你只是感觉无趣——既无共同爱好，也无共同语言，清汤寡水，索然无味。那么，我的意思是，你应该告诉对方，我不喜欢你——或直接说出，或做出暗示。

我认为这没有什么不好。不喜欢既不等于讨厌，也不等于憎恨；既不等于他做错了什么，也不等于你比他高尚。就像你不喜欢一道菜，不喜欢一株植物，不喜欢一部电影，不喜欢一个地方——不喜欢一道菜，可以不吃；不喜欢一株植物，可以不碰；不喜欢一部电影，可以不看；不喜欢一个地方，可以不去。同样的道理，不喜欢一个人，可以不见，可以避开。

为什么要把时间浪费到不喜欢的人身上呢？为什么要让自己感到别扭、压抑、无趣呢？一生时间有限，你得把时间用到喜欢的事情上，用到喜欢的人身上——这是聪明人的做法。

问题恰恰出在这里。国人普遍的一种社交认知是，不喜欢一个人，千万不能让他知道。如果是掌握生死大权的上司，也就罢了，偏偏对谁都是这样。心里面毫无感觉，表面上却假装喜欢。在外面见了，会说一句，常联系啊！在家里待客，会说一句，常来啊！于是，对方信以为真，常联系，常来，时时骚扰你，终让你从纯粹的“不喜欢”变成深刻的“讨厌”。

其结果，你活得越来越累，对方也活得越来越累。

为什么不能说出来呢？或者，为什么不能给他一个暗示呢？我想凡大度者，皆不会在意。毕竟世间那么多人，不可能做到人人都性情相投，也不可能做到被每一个人喜欢。

这很好理解。这太过正常。

那么，理所当然，你喜欢的人里，也会有人不喜欢你。所以，你也许应该时时辨别，对于不喜欢你的人，别再去骚扰。他不喜欢你，与你的性格无关，也与你的人品无关。他只是不喜欢你，既不是讨厌你，也不是憎恨你。

他不喜欢你，你避开就是。

因为，被别人强迫做朋友，被别人强迫讨教、聊天、谈心、约会、吃饭、喝酒，总是一件令人非常不舒服的事情。

克服不好意思的心理，坦诚一些，才能让自己和别人都活得不那么累。

会说话的鸟儿

●［美］罗杰·迪恩·凯瑟　孙开元　编译

说良心话，我不能说小时候在佛罗里达的杰克逊维尔孤儿院过的是饥寒交迫的日子，但确实有过半夜里肚子饿得咕咕叫的时候。

一天，因为举行了一场防火演习，我们春园学校二年级学生提前放了学。学校和孤儿院隔着一条街，在往回走的路上，我看到一个女人正在她家门前的草坪上吃着三明治，我停住了脚步，瞅着她。

“需要我帮忙吗？”她问我。

“我只想看看三明治。”我回答。

“你要一个三明治吗？”她问。

“好吧，夫人。”我说。

她起身进了屋，一分钟后回来了，手里拿着一个三明治。

“拿着。”说着，她把三明治递了过来。

我把三明治塞进嘴里咬了一口，品尝着美味，心花怒放。

"非常好吃，用什么做的？"我问她。

"是肉馅三明治。"她告诉我。

"我在'儿童之家'孤儿院里好久也吃不到一顿肉。"我说。

"如果你想吃肉了，就到我这儿来。"说着，她走回了屋子，然后轻轻关上了门。我一边缓步朝孤儿院方向走，一边痛快地享受着这块三明治，吃完后把渣都咽了个干净，以免让别人发现我吃过了肉。

第二天放学时，我又路过了这个女人的房子，看她是否还在门外。果然，她看到了我，又请我吃了一块肉馅三明治。

当我在她的厨房餐桌旁坐下时，看到在屋角上挂着一只鸟笼，笼子里养着一只个头很大的黑色的鸟。

"那是只鹰吗？"我问她。

"不是，是只会说话的鸟。"她告诉我。

"鸟儿不会说话。"我皱着眉头说。

"有些鸟就会。"她说。

"鸟儿怎么能像人一样说话呢？"我问。

"只要你反复在它跟前说一件事，时间长了，它就学会了。"她说。

在其后的六个月里，我几乎每天放学都从她家门口走，以便能在回孤儿院之前吃上一块喷香的肉馅三明治。我在敲她的房门时，经常听到她说："等会儿，我在盖鸟笼子。"

我每天都去她家，可从没听到过这只鸟说过一句话。我问她，这只鸟为什么不说话，她说盖上鸟笼子时它就不会说话。

后来有一天，当我再次来到她房前敲门时，里面没有回应。我慢慢地打开门，喊着她的名字，还是没人回答。我悄悄走进厨房，看到桌子上放着一块肉馅三明治，旁边还有女主人留的一张纸条，上面说她今天有事不在，给我的三明治在桌子上，并让我走时关好门。

我吃完三明治，把盘子放进了水池，然后往门外走。在转过身时，借着厨房的光线，我看到那只盖着布的鸟笼挂在了主人的卧室里。

我慢慢地走到鸟笼旁边，轻轻掀开了那块遮布的一角。突然，这块遮布从鸟笼上滑落到了地上，笼子里的大鸟开始扑打着翅膀上蹿下跳起来。我在那个年纪从没见过这情景，吓得心怦怦直跳。突然，这只鸟停止了拍打，伸着脖子高声叫了起来："那个讨厌的孩子又来了！那个讨厌的孩子又来了！"

我赶快从地上拾起那块布，盖在了鸟笼上，然后撒腿从前门跑了出去。我在门外朝四下看了看，除了我，没看到附近还有别的什么孩子。

直到长大了，我才从中明白这样一个处世道理：无论对谁，千万不要透支别人对你的好意。

不要背着大海出发

● 澜涛

命运在他 30 岁那年戛然断裂。一场意外的爆炸中，他重度烧伤，原本俊朗帅气的他变成了一个“怪物”：满脸疤痕，没有眉毛、眼皮、鼻子，嘴巴因为上下嘴唇粘连在一起，仅剩下不到一厘米的“孔”，双手十指残缺不全地蜷缩粘连在一起。四个月的住院治疗后，他回到家中，因为连基本生活都不能自理，家的重担都落到妻子肩头。耕作，做家务，照顾读小学的儿子，还要照顾他的吃喝拉撒睡。

几次自杀未果后，他放弃了死念。

就这样一直下去，他将是妻子一生的拖累，他决定做点什么。做点什么呢？他想到，如果能够自己吃饭、上厕所，简单的自理一定能给妻子减轻很多负担。于是，他开始锻炼双手拿握东西的能力。每天儿子去上学了，妻子去地里干活了，他便尝试着用那双残缺不全、佝偻粘连在一起的手掌夹东西，一开始是两个手掌合作去夹，再后来是用一只手掌的残指去夹。一日一日，残指终于能够夹住东西了，但想要锻炼得灵活一些却是个头疼的问题。这天，他看到儿子丢在地上的粉笔头，便尝试着去用残指夹，整整十分钟，终于夹起了粉笔头，他已是满头汗水。出于好奇，他试着用粉笔在家中的水泥地面上写字。因为他的残指是从粉笔头的侧面夹上去的，粉笔侧面露出手指有限，一笔写下去，立刻连粉笔带残指都划到地面上，火辣辣的疼痛中，粉笔头掉了。他却很兴奋，为水泥地面上那歪歪扭扭的一道。这样练习几个月后，他终于在水泥地面上写出了自己的名字。

因为残指只能从粉笔侧面夹住粉笔，他写出的字，笔画较宽，呈现出不一样的质感。两年后，他不仅能够写出很多完整的字词句子，基本生活也能够自理了。他又萌生了新的想法：如果接下来能够自食其力，就会给妻子减少一定的生活压力。

他决定“卖艺”谋生。

受伤后的他第一次走出家门，独自一人走进省城，克服人们的指指点点和目不斜视的漠视带来的挫败感，放开面子，撕掉那张“不好意思”的厚皮，开始在街头用残指写粉笔字“卖艺”讨生活。说是卖艺比较好听，实则和乞讨并无太大区别。饥寒、白眼、欺辱……日子很难，但他坚持着，每每和妻子通电话，他都笑呵呵地表示自己一切都好。实际呢？他睡在地下通道里，常常一天只吃一个馒头。

卖艺半年后，他回家时，带回 1200 元钱。

他卖艺的足迹遍布国内的诸多城市，随着他的字写得越来越像画一般美丽，收入也越来越高。他的心中再次萌生一个想法：他要把自己的粉笔字写成艺术，超越简单的乞讨，让人们施舍时不再只是怜悯，还能有一份欣赏。

于是，再落笔，每一个字每一笔都斟酌再斟酌，用心再用心；于是，他的字开始别有韵致起来。

美好的东西终不会被埋没。10 年后的一天，方正公司的人专程找到正在青岛街头专注写粉笔字的他，经过一番商讨，双方大致达成如下协议：方正将他的粉笔字收录进方正字库，字体借他的名字取名为“方正显仁字体”，作为回报，他的字上市后 50 年内的利润所得都归他所有。

他叫崔显仁，黑龙江省望奎县人，他的字体是方正字体收录的第一种“草根”字体。

似乎是一日间，星光加身。其实不然，那是一阶一阶目标的递升带来的幻彩。飞瀑始于滴水，盛春起于微风。我们大多数人在设定人生梦想时，都喜欢目标高远，殊不知起点和目标天方夜谭般的遥不可及，常常会让信心在途中先泄了气。

重要的不是目标是否远大，而是是否具备实现的可能。

不要背着大海出发，把大海放在远处，从最近处的积水成洼开始，再是成溪之梦，成河江之望……经过这样拾阶而上的努力，成功或许会水到渠成。

酿成悲剧

•羊白

对于 308 宿舍来说，聂小倩的到来让大家感到意外。因为谁都知道，聂小倩一直在和机电班的帅哥马斌谈恋爱。于是大家笑问：“美女有何贵干？是不是有什么体力活？”

聂小倩还没说话，张云水脸先红了，拱手道：“兄弟们以后多多包涵。”意思是骄傲而明确的——现在，聂小倩已经归到他的名下了。

聂小倩大方地笑，挨个评论六个猪窝。批评最厉害的当然是张云水。看得出，他们已“偷渡”了一段时间，现在只不过浮出水面，寻求欢畅而已。

都哄笑，赞美或臭骂张云水，然后纷纷离去。

在大学校园，谈恋爱是司空见惯的事情，是最大、最紧要的副业。谁都理解，并且知趣。

然而，随着聂小倩到来次数的增多，大家还是感到了不便。

体会最深的，是方志刚。他在张云水的上铺，下面有任何风吹草动，他都无法逃避，忍不住要生出许多暧昧的想象，半夜半夜地失眠。

聂小倩的到来，无形中，房间里多了一个人的呼吸。这气息芬芳，甜蜜，又有些葡萄酸。即便有诸多不便，室友们也不好意思说出来，成人之美嘛，因此尽量给他们腾出空间。

恋爱中的张云水变得格外机灵，随时掌握着班里各个宿舍的动态，稍有机会，就哥们儿哥们儿拱手相求，让他们让让，以方便其约会。如此得寸进尺，室友们虽有怨言，也只好忍着。

一个周末，张云水听说本宿舍几位男生要结伴去爬华山，这一去就是两天，心里分外高兴。可惜的是，上铺的方志刚不去，因为家里条件不好。

张云水向方志刚求情，希望他晚上能去别的宿舍挤挤，方便其幽会。方志刚不好意思拒绝，只好答应下来。经打听，楼上508宿舍有个空床。

晚上，在张云水和聂小倩还未回来之前，方志刚一直躺在被窝里看书。一直到11点多，他们手挽手回来了。方志刚跳下床，知趣地出了宿舍。

方志刚穿着拖鞋，吧嗒吧嗒上到五楼，敲508宿舍的门。里面问："找谁？"方志刚说："308宿舍的，来睡觉。"接下来，宿舍里似乎发生了争吵。方志刚耐心等待，却一直没人开门。

他又回到308室，低声叫张云水。张云水从门缝里探出头，不耐烦地看着方志刚。方志刚满脸委屈，说不知为什么，楼上不开门。张云水出来，握住方志刚的手，猛然狠拍脑壳说：“哎呀，508是马斌的宿舍。完了。”方志刚说：“那怎么办？总不能为了你的温存让我露宿街头吧。”

张云水双手抱拳，一副梁山好汉的架势，让方志刚想想办法，成全一下。

方志刚生气了，但又不好意思说出来。

张云水灵机一动，猫一样闪身进去拿出五十块钱，让方志刚去网吧混一晚上。方志刚满脸不情愿，可看张云水已经殷勤地把自己的皮鞋拿了出来，也只有换上走人。

来到校门口，方志刚才发现，大门已经锁了。按学校规定，过了关门时间，出去是要登记的。可方志刚不想登记，因为这样会影响到奖学金。

方志刚又回到308室。灯已熄灭，方志刚没有了敲门的勇气。在长长的楼道里走来走去，感觉很窝火。他发现自己突然之间变成了一个无家可归的人。

最后，他还是决定去网吧，毕竟网吧有空调，无论怎么说总能凑和一晚上。可，怎么出去呢？

方志刚哆哆嗦嗦地沿着围墙逡巡，幽暗的夜色里像一个没有目的的贼。后来，他游荡到教学楼的背后，发现紧贴围墙有一棵杨树。方志刚来自农村，爬树不算难。他爬上去，蹲在围墙上，发现围墙外面是一处黑乎乎的工地，摆满了一些乱七八糟的东西。

方志刚有些进退两难。正当他犹豫不决，黑暗里突然发出了一声叫喊："有贼！"慌忙中，方志刚脚下不稳，一头栽了下去。

第二天，校外传来消息，说工地上死了一个贼。同学们去看热闹，发现是方志刚同学，俱惊讶，议论纷纷，不明白他为什么要去偷东西。

警方迅速开展调查。事情的原委很快真相大白。谁也想不到，仅仅是为了成全别人的幽会，仅仅因为不好意思拒绝，就酿成了让人痛心的悲剧。

人情所累，结局惨痛

●谷子

先说个小故事：

甲乙两人本是一对非常要好的朋友。一次，乙发现了一个可以赚钱的好生意，但苦于自己手头拮据，没有钱投资。于是乙将自己发现的这个商机与甲商量，希望甲能出钱投资，赚来利润两人平分，相当于合伙经营。甲家中比较富裕，听了乙的介绍，觉得这个生意可以做，出于对乙的信任，就拿出 30 万元给乙去经营。甲自己在机关工作，不便插手生意上的事，经营事宜全部由乙独自打理。

第一个月，形势不错，纯利润赚了 10 万元，乙将利润分给了甲 5 万元。第二个月生意依然不错，一个月下来又赚了 10 万元。但是在准备分配利润时，乙想：我辛辛苦苦经营赚的钱，却要分一半给一点力气没出的甲，这是不是太不公平了？于是他向甲撒谎说，由于行情不好，这个月没有盈利，而他则把利润独吞了。第三个月乙赚了 8 万元，他跟甲说只赚了 4 万元，分给甲 2

万元。第四个月赚了 8 万元，乙又谎称没赚到钱。此后竟然一连 5 个月乙都说没有盈利。甲心想，如果长期没有盈利，这个生意干脆不做算了。不过乙坚持要继续做下去，说生意还会好起来。

后来甲向别人打听情况，别人都说最近几个月乙做的生意市场行情并没有什么大起大落。于是甲对乙产生了怀疑，但是又不好意思开口向乙问明实情。他想：即使没有盈利，作为朋友，乙总不会本钱也不还给我吧！

结果又过了几个月，乙竟然捧着一本做生意的往来账册，说这几十万元的投资，全部亏损掉了。

甲一气之下将乙告上了法庭，要求乙返还其 30 万元投资款。然而在法庭上，乙并不承认拿了甲 30 万元去进行投资。特别是当时甲把钱给乙时，碍于朋友情面，也没好意思要求乙立下收款的字据，结果甲的主张没有得到法庭的支持。

甲为自己的不好意思，可说是付出了惨痛的代价。

中国有句古话，叫作“钱财乃是身外之物”，甲虽然损失了几十万块钱，但对于家境殷实的他来说，尚不至于伤筋动骨，不过是吃亏买个教训罢了。下面故事中这位主人公，因为当时顾及主人的知遇之恩，面对着千载难逢的成功机遇，不好意思自立，结果不仅自己被冤杀，就连三族都遭诛戮。

故事的主人公就是大家都非常熟悉的古代著名军事家韩信。

秦末天下大乱，胸怀大志的韩信投奔了义军首领项梁，项梁在定陶之战中因为骄傲懈怠，被秦将章邯战败杀害。韩信便在项梁的侄子项羽的手下担任一个小小的执戟郎。其间韩信多次献计，项羽均不予采纳。时间一久，韩信感到没多大希望，就逃走投奔了刘邦。

在刘邦那儿，刚开始也只做个管理仓库的小官。一次因犯了法，同案的十三人都已被斩首，轮到韩信，他抬头看着监斩官滕公夏侯婴，说："上不欲就天下乎？何为斩壮士！"(《史记·淮阴侯列传》) 夏侯婴感于韩信的气势，就放了他。经过与韩信交谈，觉得他是个人才，就推荐给汉王刘邦。刘邦让他担任粮官。后来萧何发现了韩信，经了解，他认为韩信是个不可多得的将才，因此多次向刘邦推荐，但并没有引起刘邦的重视。韩信觉得在刘邦帐下也没什么前途，就又逃走了。萧何知道韩信逃走后，连夜将韩信追了回来（萧何月下追韩信），并再次向刘邦力举，这次终于打动了刘邦，于是他"择良日，斋戒，设坛场，具礼"，拜韩信为大将。

拜将之后，韩信为刘邦谋划出汉中与项羽争斗天下的策略。

之后，韩信采取"明修栈道，暗度陈仓"之计，迷惑三秦守将，从陈仓发兵，出其不意克定关中，使刘邦取得了与项羽争天下的第一步胜利。汉二年，楚汉会战彭城，项羽击败刘邦，韩信收集军队，在荥阳与刘邦会合，阻止了项羽西进，确保了关中安全。不久魏豹叛汉，韩信率兵在安邑活捉魏豹。韩信乘机向刘邦建议采取外围战略，北攻燕、赵，东攻齐国，南面断绝楚粮道，然后与汉王在荥阳东会合。汉王采纳了这个建议，命韩信击赵、代。井陉战役，韩信背水一战，以数万军队打败号称20万军队的赵国，平定赵地；接着，采用广武君“先声后实”的建议，不战而屈人之兵，收服燕国；大败项羽大将龙且，攻取齐国，被封为齐王。

当时刘邦率军与项羽对峙，并且处于不利局面。韩信打败龙且后，手上握有几十万雄兵。实际上“三分天下，鼎足而王”的形势已经形成。

此时，谋士蒯通劝韩信脱离刘邦集团自立为王，韩信说：“汉王授我上将军印、数万之众，解衣衣我，推食食我，言听计用，吾得于此，夫人深信于我，背之不祥。”“汉遇我厚，吾岂可见利而背恩？”也就是说，因为汉王重用我，对我好，我怎么好意思背叛他？

但是，这次机会失去之后，韩信的悲剧命运就此埋下了伏笔。

此后，随着韩信帮助刘邦得到天下，韩信的好日子也就到头了。项羽一死，刘邦立即剥夺韩信兵权，将他徙迁为楚王，都下邳。

不久，有人状告韩信造反，但刘邦并不敢直接发兵讨伐韩信，谋士陈平献计，叫刘邦假装到云梦游玩，韩信知道有人告他造反后，杀了投奔他的项羽的大将钟离昧，并提着钟离昧的人头去见刘邦，以此讨好他，但刘邦还是将他抓回洛阳。到洛阳后，将韩信降级为淮阴侯。汉高祖十年九月，刘邦率兵征讨陈豨，吕后怕韩信趁机叛乱，用计将韩信骗进宫，将他杀死在长乐宫钟室，并诛灭三族。一代英雄就这样屈死，为后人留下了长久的感叹。

这是韩信在千载难逢的机会面前，因为恋着刘邦对自己的好（实际上刘邦早就不信任韩信，对他的重用不过是利用罢了），不好意思自立为王，造成令人扼腕叹息的惨痛结局。

让客套变得真诚

●周海亮

那天我的文章进展很不顺利。先是被煤气刷卡员打扰，然后接到两个打错的电话，紧接着又有邮递员上门送挂号信，思路被一次次打断，我烦不胜烦。这天是交稿的最后期限，编辑那边催得火急，说整本杂志就差你的专栏了。可是没有办法，那天我的思维，变得异常迟钝。

一个小时过去，思路终于变得顺畅和清晰，可是刚刚敲下两行字，就再一次被突如其来的敲门声打断。那是陌生的敲门声，笃，笃笃，笃，笃笃，节奏感强烈，小心谨慎却韧劲十足。

怒气冲冲地去开门，见门外站着一位背大布包的男孩。男孩戴着眼镜，穿着笔挺的西装，扎一条银灰色领带。天气酷热，可是男孩的领带却打着漂亮并且结实的结。他一只手擦着汗，一只手把那个大布包往肩上颠了颠。他拘谨地冲我笑笑，说："对不起打扰您了。"

我不耐烦地问他："有什么事吗？"

他说："是这样，我是某某公司的推销员，我们公司新推出一款剃须刀，价格很便宜……"

"可是我已经有一个非常不错的剃须刀了。"我打断他的话，"我不再需要任何剃须刀。"

"可是我们的剃须刀很便宜……"男孩满脸窘迫，他重复着他的话，脸上的汗不停地淌。

"要不这样，你留下名片，我需要的话，会打电话给你。"我抱着双臂，下了逐客令。

"对不起我没有名片。"男孩肯定听出我的推脱之辞，红着脸说，"您听我说，我们的剃须刀，真的很便宜……"

"可是我不需要！"我冲男孩咆哮一声，声音大到连自己都不敢相信，整个下午积压的怒火瞬间爆发出来。随后我"嘭"地甩上了门，再也不肯理睬仍然站得笔直的男孩，一个人回到了屋里。

文章终在傍晚前完成。尽管很不理想，可是毕竟按时交上稿子，我的心情，也变得轻松很多。

去小区花园散步，再一次碰到那个男孩。男孩正坐在一个石凳上休息，看到我，急忙站起来，冲我尴尬地笑。

"卖出剃须刀了吗？"我问。想起刚才对他的态度，心中隐隐有些自责。

“卖掉一个。”男孩的脸再一次红起来，“想不到能在这里碰到您……刚才我还一直在想要不要再去您家……”

“还去卖剃须刀？”

“不，我想给您道个歉。”

“给我道歉？”

“是，给您道歉。”男孩说，“我知道一个人心情烦躁又被打扰的滋味……”

“你怎么知道我心情烦躁？”

“我注意过您的表情。”

“可是道歉的应该是我啊！”我说，“我有什么资格对你大喊大叫呢？我心情不好，又不是你的错……你只是推销员，你一点过错也没有……”

“可是我打扰了您。”男孩说，“这一切，只因为我敲开了您的门……所以，请您一定要接受我的歉意。”

男孩说话时，始终盯着我的眼睛。他的表情郑重并且诚恳，他站得很直，两手贴紧裤缝，脖子上的领带依然打着漂亮的结。显然这是一位刚刚走出校园的男孩，他没有花哨的推销手段，可是他真诚的态度霎时打动了我。是的，真诚。此时的男孩，绝不是客套。他说话很慢，却感觉每一个字都踏踏实实，分量很重。他的表情诚挚，让人不忍拒绝。客套却不是这样。客套时，所说出来的话都是轻飘飘的，如同鸿毛掠过脸颊，不会有任何感觉。我相信这世上有一种表情是不能够伪装的，那就是真诚。

那天我和他聊了很多，最后，我主动买下一只剃须刀。我想可以把它作为礼物送给我的朋友，我相信剃须刀的质量和价格都没有任何问题——因为男孩的笨嘴拙舌，以及镜片后面那双真诚的眼睛。

生活中我们会遇到太多客套，生活中我们也会给别人太多客套。问别人早上好中午好晚上好，祝别人健康祝别人快乐，向别人致谢跟别人道歉，等等。我们当然不是虚情假意，但大多时候，我们并不真诚。说那些话的时候，我们表情随意，心不在焉。我们并不在意对方的态度，因为我们并不指望对方相信我们的态度。

我在想，假如能让生活里的客套多出一分真诚，那么这世界，也许就会多出几分美好吧？

贵在坚持

●夏宝国

龟兔赛跑，无疑是优势劣势不言自明的一种比赛，然而结果却出人意料，兔子失败，乌龟取胜。

乌龟取胜，究其原因，乌龟面对强手，没有不好意思，面对遥远的赛途，乌龟没有畏惧，对于胜负，并未看中，贵在参与。

兔子失败，究其原因，根本上是其轻敌，另一个重要原因，是它没有坚持一气呵成。这与其没有养成做事一气呵成的意志和品质密切相关。贪图安逸、自大不惭也是兔子失败的原因。中途睡觉，丢了金牌，追悔莫及。

大千世界，千变万化，竞争激烈，置身其中，审时度势，敢于拼搏，方能有一席之地。不好意思，畏首畏尾，势必无法抓住机遇；敢于进取，方能领略海阔天空。

路漫漫其修远兮，吾将上下而求索。20世纪七十年代高考恢复，有位农村青年历经四次高考失败，毫不气馁。曾有人当面讽刺其是否又落第，这位青年没有不好意思，认为人生如打仗，胜败乃兵家常事。面对失败他总结教训，调整战略，发挥优势，扬长避短，更加刻苦，有所为有所不为，没有被不好意思，被面子思想所困扰，终于在 1981 年的高考中金榜题名。后来这位青年回顾这段高考经历，最大的人生收获就在于认准目标后，不要瞻前顾后，为面子所困扰，要勇往直前，敢于坚持。

历史上洪泽湖地区是淮河流域的洪水走廊，灾难频频，水患常生。明清两朝坚持采用蓄清刷黄济运方略，增高洪泽湖大堤，缓解了洪灾。新中国成立后，国家加大力度治淮，造福于民，不断加固和兴修水利工程，如今洪泽湖大堤固若金汤，成为苏北里下河地区的防洪生命保障线。2014 年夏天，洪泽湖大堤作为中国运河的重要节点被纳入世界文化遗产名录。洪泽湖大堤加固过程中也曾经历多次失败，但我们的先人没有放弃，一直坚持。

科学地坚持是一种文化，更是一种精神。

舍弃不好意思，做真实的自己

•刘克勤

在大连工作时结识了一个从事摄影的朋友。

他性格温和，人缘也极好。因为现代人都喜欢用照片和视频来记录时光里的美丽瞬间，留住曾经美好的画面，所以摄影给他带来了不菲的收入。但令他头疼的是，很多相熟之人，都爱让他帮忙拍摄，纯粹免费的那种。在他们看来，都是好朋友，帮忙拍点东西算什么！他一开始也是这么想的，也就没好意思谈钱的事。其实，摄影也是门手艺，是他吃饭赚钱的资本，总那么无休止地帮忙，占用了他的休息时间，还时常被搞得疲惫不堪。

有朋友劝他要适当地学会拒绝，毕竟他也要赚钱养家，如果长此以往毫无原则地发展下去，早晚会变成一个不被重视的人，被一些无聊的事和人耽搁时间，渐渐被琐事缠身而丢失了自己。一开始他还是觉得不好意思拒绝，但越来越多的朋友找他帮忙，甚至影响到了他的正常工作，这着实有些吃不消了。于是，便开始了难以启齿的拒绝之路。

从那以后，他再也没有给任何人免费摄像过，哪怕是再好的朋友，可以酌情支付报酬，但是不能免费。没想到，一些习惯了有事就找他的人碰壁之后就毫不念旧情地说他："不够意思，太不够朋友，有啥了不起的？不就拍个片吗？至于那么费劲？"在这样的责骂声中，一次又一次地演变出"斗米恩升米仇"的悲剧，他真的无语了。

如此被"不好意思"绑架，事事有求必应，看似拓宽了自己的人脉，实则起了反作用，无形中带你走进了"认知不协调"的误区。生活中这样的情况比比皆是。假如你是一名作家，也许会有人对你说，帮忙写几篇文章吧，你轻车熟路不过是一袋烟的工夫。殊不知，一旦答应，你便成了"枪手"，盲目地给别人做了嫁衣；假如你是一个木匠，也许会有人对你说，帮忙打个柜吧，用不了多少时间。其实，他就是用着你的时间，为自己省了钱，还那么的不以为意。而一旦做得不如他们的意，往往会得来不屑的撇嘴斜眼。要知道，任何一项工作都是技术，都需要足够的时间人力做成本，不要因为不好意思，而让自己陷入费力不讨好的泥潭。

该拒绝时知道怎样拒绝，是一种能力；能够拒绝一切浪费自己价值的无稽之请，则是一种智慧。避免愚昧的"有事儿您说话"，不承接自己力所难及之事，这是你需要坚定的立场；放弃不好意思的理念，该坚持就要坚持到底，就是你人生成功的主线。

不禁想起我的曾经。我的一部电影剧本被朋友看中。那时他刚成立一个影视工作室，都是年轻人，对自己的梦想一腔热血，自然就一拍即合。

前期的筹备就绪。朋友担任影片的导演，我应邀进剧组做这部电影的编剧兼顾问。也许是导演和编剧思维方式不同，抑或是我们两人对电影的认知存在偏差。在拍摄过程中，有很多意见相左的时候。有的戏份被他改得视觉效果不错，却与故事的主线有出入。因为他是导演，而且我们又是多年的朋友。起先，我还能提些建设性意见，到后来，为了顾及彼此的面子，在很多事情上我都选择了妥协。

因为拍成这部影片是我们所有演职人员的梦想，对走上院线播映更是充满了期待。出人意料的是，这剧情越拍越乱，几乎脱离了主线，而我和他之间的矛盾也越积越深，最终一次大吵过后，我便彻底不再过问。

后来那部电影如期上映，却与原著初心相隔甚远，没有达到预想的票房成绩。当我们捶胸顿足后稳坐下来，彼此都认识到自己的缺点。

其实，很多事情都是在不断磨合和修正中，经历无数磕磕绊绊而最终修成正果的。倘若相互都能各抒己见，沉住气整合建议；倘若我当初不顾及所谓的面子，多一些坚持，而不是觉得不好意思而“临阵脱逃”，或许这片子的票房成绩会好得多。

还是不要因为顾及所谓的面子而误了大事！

真实地面对人生，做真实的自己，不要让不好意思毁了你的努力！

第二辑

很多事，总在“不好意思”中错失

让自己的方法变成对的方法的方法

●凉月满天

有一个鲁莽的小青年，他的运气总是格外好。连他的哥哥都时常抱怨："弟弟的运气真好。"他的父亲则说："是弟弟自己造就了自己的好运。"

他高中的时候，严重偏科。险险进入大学，三个学期后又被退学了。他刚在一家小电台积累了一点经验，就敢大踏步走进一家老资格的广播电台的总经理办公室，没有一点儿不好意思，直截了当地告诉人家，他该被雇用。

总经理赖瑞把头一仰，呵呵地笑："告诉我为什么。"

他毫不犹豫地说："因为我比别人播得好。"

赖瑞看着他，脸上始终挂着笑容，说："你有种。"

他拿不准这是在夸他还是骂他，这时候赖瑞又发话了："今晚八点，我让播音员告诉你怎么播，然后你九点整上节目。我会听。九点半之前我没打电话给你，你就给我滚出去。"

“很公道。”年轻的男孩伸出手和总经理相握，然后又找补了一句：“晚上我等你电话。”当他走出来后，差点把吃下去的饭吐出来。紧张死个人啊。

晚上九点，他走进了播音间，半个小时就要过去了，就在他沮丧地收拾东西准备离开的时候，赖瑞的电话来了：“你被雇用了。”

从此，他走上了电台播音主持之路。大约一年半之后，他又获得另一个更好的机会，得以从事更好的工作。不过他从没忘记这个叫赖瑞的家伙，他没把他赶出去，反而给了他一次尝试的机会。

有时候他想，机会这种东西真奇妙。

看似是赖瑞在整件事上唱主角，把持着他的命运走向，可是，当赖瑞在一个对的时间、对的地点，怀着对的心态面对一个勇敢闯进来的年轻人的时候，这个年轻人未尝不是更大的主角，而赖瑞此时倒像一个站在舞台边侧，等待出场的配角。时间到了，他走上舞台，说了他的台词，做完他的动作，轻快下台；而年轻人的戏继续进行——只要他一直往下演，他就会遇到更多给他配戏的配角，有的扮演关键时刻伸手帮他一把的正面角色，有的扮演落井下石或袖手旁观的反面角色，还有的，是路人甲、路人乙，扮演着和他擦肩而过的角色。整个宇宙，就是他一个人的广大舞台啊。

而开启人生经验的宝瓶，让自己的方法变成对的的方法就是去做。几十年后，一家叫作耐克的著名品牌运动鞋公司把它当作了自己的企业理念，并将其简化为三个字的标语：just do it！

事情就是这样奇妙。人生的每时每刻都是创造。向左走还是向右走，一念动即创造一个不一样的未来。而好运，通常就这么被自己给带来了。不要不好意思，目标定下来，你尽管去做。万不可迟疑再迟疑，思考再思考，到最后把激情和雄心消磨没了，啥事也没法干了。再说了，你是主角，宇宙已经为你搭好舞台，配角也随时准备为你上台搭戏。你抽身走了，或裹足不前，这出戏可怎么往下演呢？

负罪一刻

●[印度]查特汉·拉兹　孙开元　编译

那是个晴朗的星期天，我们全家人决定开车去密索尔市旅行一天。早上，我们全家 10 口人开着两辆车，兴奋地驶上了公路。像往常一样，每当有机会开车走远道，我就开飞车过把瘾。

我们在密索尔游览了密索尔宫、查蒙迪山、动物园和温泉公园。然后驱车前往班加罗尔。傍晚七点左右，我们穿过拉玛纳格拉镇，这里离班加罗尔还有几十公里的路。我的车速很快，家里的另一辆车跟在后面。

突然，我看见前方不远处一个十字路口，一个人正站在马路中间挥手，像要拦住从他身边来往的汽车。有十几辆车从他身旁经过，但都没有停下，反而加快了车速，从他身边冲了过去。我知道，下面就该轮到我们的车了。等离他更近一些，我们发现他的脸上全是血，正向过往的车辆挥舞着双手。我减慢了车速，但车上的家人并不相信他的举动。他们提醒我：这可能是个圈套，他会说是我的车撞了他，敲诈我们一大笔钱的。所以我没停车。这整个过程发生在不到一分钟之内。像其他车一样，我也绕过了他。我看他并不是假装受伤，在驾驶员的位置比车里其他人看得更清楚，他确实是受了伤，而且还不轻。家里人后来也承认了这一点，但他们说，即使他是真的受了伤，但我们的车里人已坐满，哪有空位可以载他去医院？我觉得当时自己是违心地逃跑，整夜我都想着这件事情。

第二天早上，我去拉玛纳格拉警察局办理安检手续，我以前来过几次，现在，我和这里的所有警官都混熟了。

我仔细地询问警官们每一起昨晚发生在附近公路上的事故。从他们的话中，我吃惊地听到这样一件事：十几名大学生昨晚骑自行车从库格省回家，在一个十字路口拐弯时，一名男生不慎滑倒，连人带车被甩到路旁的灌木丛里，而他的朋友们都在匆忙赶路，没有注意到此事。他的头摔破了，身上也多处被划伤。他试图拦住一辆来往的汽车寻求救助，但几个小时过去了，没有一辆车停下。幸运的是，夜里正好有公路巡警经过，把他送到了圣约翰医院，那时他已处于昏迷状态。

听到这件事的那一刻，我无法形容自己的负罪感，自己竟没去帮助一个正处于危难之际的人。我想对受伤的小伙子当面道歉，但我没有面对他的勇气。

思考良久之后，在当天晚上，我打通了小伙子的电话。我带着深深的自责向他道歉，因为在他需要救助的时候，我却从他的身边逃走了。说完后，我们都沉默了好长一会儿。我想他不知道如何回答我。我请求他的原谅，祝他早日康复，一再表达着自己的歉意。后来，他用虚弱的声音说：“我不知道您是谁，但我很高兴接到您这个电话。我曾经诅咒每一个在我危急时袖手旁观的人。但是我也相信，世界上还是有关爱别人的人。谢谢您的电话。”我挂上了电话，心里轻松了许多。

在这个世界上，经常会有一些不幸发生在我们周围，然而我们却不敢相信别人，无端地怀疑他们。我希望还有机会做出善良的行动，让自己感到快乐，而不是带着负罪感活到老。

朋友，请记住我的教训，不要放弃每一个助人的机会。

不要不好意思接受回报

●刘代领

西班牙诗人李·夏普在一篇文章中记述，他小时候跟父亲到一位老人的铁匠铺修理耙子和锄头，父亲付给老人报酬时，老人说："不用了，这一类小活我从不收费的。"但他父亲执意要给。"年轻人，"老铁匠说，"难道你就不能让一位老人时不时舒展一下他的灵魂？"

在被那老铁匠触动人心的话语感动之余，我想起了我的亲身经历——

那时，我租住的院子里搬来一位卖水果的中年妇女，每天推着三轮车在街道上摆摊。同在一个院儿里住，面熟，但并没说过话。那天周末，我在房间里看书，她让我帮忙把一米见方的、摆放着水果的木板抬到三轮车上。摆放着水果的木板很重，一个人搬不上去。而后，她感激地对我说："大兄弟，谢谢你了，吃个苹果吧。"我连忙摆手说："不客气，举手之劳而已。”

就这样，我们算是有了第一次接触。从此，我们见了面总会打声招呼，有时还会停下来聊上几句。

据她说，她在外打工是为供孩子读书，她一般是夜里去批发水果，回来的时候已是凌晨五六点。我看她一个人挺不容易的，也很乐意帮她忙。她叫我：“帮个忙吧大兄弟，帮我把水果抬上车。”“大兄弟帮我把车子推出门外吧。”她每次都是说谢谢，让我吃她的水果。而我每次都是婉言谢绝。

后来，帮忙的次数多了，她让我吃水果的热情更大了：“大兄弟，给大姐帮了那么多忙，吃个苹果、橘子有什么，一直让你帮忙，我心里还真不好意思呢。”有几次她把水果塞到我手里，我又都放回到她的车子上。她就对我说：“你看你太客气了，你不吃，大姐还真有些过意不去呢。”

有一次，我帮她把车子推出大门外，上坡的时候，苹果、橘子掉落了十多个，我帮她捡起来。她这次递给我两个又大又红的苹果。我不接，她径自把苹果送到我的房间里，说：“你太客气了，你不接过去，就看不起大姐。”说真的，我对她的帮助是不图回报的，我还是不要，她就放到我的桌子上。

第二天，我说她的苹果挺好吃的，算是对她表示谢意。她听了很高兴，满脸微笑，显得很是舒畅。“你吃几个水果，大姐也赔不了。再说，大姐心里也舒坦了些，要不我就不好意思再叫你帮忙了。”我这才发现，过度谦让和客气反倒显得隔阂和冷漠，不让人觉得欠自己，才是更自然更熨帖人心的大度和善举。

再后来，她让我帮忙的时候就显得很自然了。“来，给大姐帮忙把水果抬上车。”“帮大姐把车子推出大门吧。”她再也没有了以前那种请人帮忙的拘谨，而我也总是很高兴帮她忙。

助人者欣然接受被帮助人的一点点回报，自己和对方心里都会更舒坦，我又何乐而不为呢?

无所畏惧

● 安平儿

陈是我中学时的同学，这家伙不仅读书不太用功，而且经常耍小聪明。比如早起被老师赶着跑步，我们一群人皆中规中矩地沿着老师规划好的路线，哼哧哼哧地往前跑，唯独陈，常常趁老师不注意，便抄了近路，在终点处嘻嘻笑着等我们；上课回答问题，他明明没有思考，却是和我们一样高高举起手来，一脸自信地望向讲台；等老师真的把他叫起来，脑瓜这才高速地运转起来。不过说也奇怪，常被我们讽刺“没有金刚钻就别揽瓷器活”的陈，每次的瓷器活，倒是完成得很漂亮。“这点问题，对我来说是小 Case 啦！”这是陈最常说的一句话。

陈的小聪明，倒没在他高考的时候发挥什么作用。成绩平平的他，只考取了一个专科院校。三年后我们开始为考研作准备的时候，他独自去了北京，开始过“京漂”的流浪生活。这期间他贩过东西，搞过装修，做过记者，干过职介所。每次同学聚会，他常常会成为我们的谈资。谈到最后，我们便笑着下结论说：这样什么都敢做的家伙，估计最后成不了什么大业，年轻的时候不赶紧拼学历，通过正道找份养家糊口的工作，还这样胡乱揽活，他以为自己是比尔·盖茨啊，30岁之前能闯出一番天地来！

这些刻薄的话，偶尔传到陈的耳中，他却丝毫不介意，照例我行我素地一个人乱闯。我们本科毕业的时候，有同学和陈一起去一家大的服装公司应聘。当招聘人问起他们对服装出口这一块的业务是否熟悉时，学管理的同学很诚实地说以前没有接触过，但陈却是信心百倍地回答："放心啦，这一块我绝对熟悉，而且可以干得比以前更出色！"只这一句话，陈便被录取了。天知道陈根本不懂得进出口业务，而且英语经常是不及格。但陈似乎没有丝毫的怯意，他尝试新鲜事物的好奇心，远远大于他的实际能力。半年后我们再见，陈竟已是业务上的主力，常用英语可以张口就来。一行人皆惊讶，说："陈，你是不是有神力相助？"陈便大笑："还是和中学时一样啦，先把事情应下来，再千方百计地想办法做到最好，年轻的时候不多折腾一下，怎么能知道哪一条路才是捷径呢？"

稍稍佩服之后，我们照例是走着父母师长所认定的、没有丝毫风险的康庄大道。我们读研一的时候，陈做到服装公司的经理助理，研二的时候，陈升职为部门经理。我们以为陈会知足了，没承想我们研究生快毕业的时候，陈却是迅速地跳了槽。这次，他应聘的，是北京一家知名外企的经营主管。而且，他的对手，不再是本科生，亦不是我们这些名牌大学的研究生，而是大批有实战经验的“海归派”。每个人的履历里，都挂着好几条辉煌业绩。陈的专科学历，在他们面前，显得是如此黯淡无光。

但陈是什么也不怕的。据说主考官看到他的履历，曾经有些不屑地问他：“你一个专科生，拿什么作为应聘的资本呢？”陈淡淡一笑，道：“我比他们每一个人都要年轻，这，就是我最引以为荣的资本，还能有什么东西，比无所畏惧且经得起任何打击和失败的青春，更值得人拿来炫耀的呢？”初试，就这样被陈轻松地搞定。而复试的时候，陈亦是只有简单的几句话。他说：“我敢过来应聘，就表明我一定可以做出优秀的业绩；只要你肯给我一个机会，我就会证明给你看。”

当我们还在为无法适应职场生活而抱怨发牢骚时，陈已经在主管的位置上，做得如鱼得水。他在勇敢把这份工作揽到手中的时候，就已经开始为如何做到最好，奋勇起飞了。

那一年，陈 27 岁，正是青春最好的时候。我们和陈，从同一个起点出发，本以为走在畅通大道上的我们，会比陈更快地到达成功的终点。没承想，陈在社会这所大学里，东冲西闯，最终，以他最引以为傲的资本，和对任何新鲜的事物都不畏惧的个性，将我们远远地甩在了后面。

自我推销，需要来点绝的

●嵇振颉

谈自己，始终是个头疼的问题。不说，才华被埋没；说得太多，别人会认为你在卖弄。真是左右为难，步步惊心！

因此，推销自己是门技术活，需要来点绝的。

唐代诗人陈子昂的成名之路并非一帆风顺，从老家四川来到长安，整整十年过去，依旧默默无闻。

有一天，一位老人在长安街口出售胡琴，要价二百两银子。陈大少出现了，提着一只装着二百两纹银的布袋，递到卖琴人手中。他对着围观者说："我叫陈子昂，从小精通胡琴。今得胡琴一把，愿意为大家免费弹奏一曲。三日后是黄道吉日，还请大家赏脸听在下演奏。"

三天后，陈子昂把胡琴摆在地上，旁边还有一摞书册。他说："我琴艺虽精，但比起我的诗文却差远了。现有雄文百卷，寻求知音，不信可以拿一本回家去看。"说着，陈子昂将胡琴高高举起，重重摔碎在地上。

陈子昂的作品集，很快散发完毕。京兆司功王适读完后，惊叹“此人必为海内文宗”。不久，他的盛名传到武则天耳中，被召入朝廷为官，一直做到拾遗之职。

陈子昂用摔琴的方式，为自己做了一次广告。还有人更绝的，竟用谣言引起皇帝注意。

汉武帝刚即位就下诏，广纳天下贤才，当时有上千人应征。这些人的上书中，多半议论国家大事，直白地说自己很有才。而东方朔的上书，带着戏谑和诙谐，先是说自己怎么身材高大、五官端正，怎么勇敢灵活、正派守信，最后傻乎乎地说：“像我这样的人，真该当皇上的大臣。”这份上书与众不同，为东方朔赢得待诏公车的职位。

东方朔虽被留在长安，但薪水很少，还见不着皇帝。他耐不住寂寞，眼珠一转，“鬼点子”又来了。

当时皇宫里有一批养马的侏儒。东方朔找到他们，郑重地说：“皇上曾亲口对我说，你们这些人一不能种田，二不能治国，三不能打仗，对国家毫无用处，准备找个借口把你们全杀了。”侏儒们急问破解之策，东方朔又说：“皇上要是来了，赶快去磕头求饶。”不久，汉武帝路过马厩，侏儒们都号啕痛哭，跪在地上连连磕头。汉武帝觉得奇怪，问起原因。侏儒们答道：“东方朔说您要杀了我们。”汉武帝把东方朔叫来，责问他为什么吓唬侏儒。东方朔说："侏儒身高不过三尺多，每月有一袋粮食、二百四十钱。我东方朔身长九尺多，也只有一袋粮食、二百四十钱。侏儒们会撑死，我却会饿死。皇上要觉得我不行，就放我回家，别留着我在这里吃白饭。"汉武帝听了哈哈大笑，授予他待诏金马门（待诏金马门比待诏公车地位高）。

相比前面两位，裴略仗着初生牛犊不怕虎，直闯相府，最终赢得宰相温彦博的认可。

这一年，裴略参加兵部主持的武官考试，结果名落孙山。气恼之极，他想去找宰相温彦博申诉。来到相府，正巧兵部尚书杜如晦也在。裴略彬彬有礼地对温、杜二人说："我在宫中干了几年，觉得自己明辨事理、记忆力极好，能一字不漏地复述别人的话。做个通事舍人，我相信是称职的。"

温彦博问他究竟有何才能？裴略说自己会写诗作赋，温彦博指了指屋内的屏风，让他赋诗一首。

裴略缓缓走到屏风前，口中吟道："高下八九尺，东西六七步。突兀当庭坐，几许遮贤路。"看着温彦博吃惊的表情，他突然亮开嗓门说："当今圣皇在上，大敞四门以迎天下士人，君是何人，竟在此妨贤？"话音刚落，双手一用力，将屏风推倒在地。这番话，表面上说是屏风挡道，实际暗示当权者不识人才，堵塞贤路。裴略说话时，吐字清晰，语调铿锵。

温彦博笑着对杜如晦说：“你听出来没有？年轻人的弦外之音，是讽刺我温彦博哩！”杜如晦接口：“不但刺膊（博），还刺肚（杜）呢！”

没过几天，裴略被朝廷授予陪戎校尉，这是武职中第三十阶，一个从九品的小官。官职虽小，但裴略毕竟正式进入仕途。

陈子昂“摔琴”，东方朔造谣，裴略直爽，他们都拿出绝招，这才“通关成功”。自我推销，看似很难、很无解，但只要有勇气，就能够取得很好的效果。一味地羞涩、不好意思，话不敢说，事不敢做，那就只能乖乖待在原地。

世间少有陌生人

●王磊

我和朋友忙里偷闲去外地旅游，到了目的地之后，疲惫的我们赶紧来到事先订好的宾馆，各自去房间休息。长途奔波让我困得连眼睛都睁不开了，很快就进入了梦乡。就在我睡得最美的时候，却被突如其来的电话声惊醒了。“快开门，看我给你带什么好东西了。”电话另一边传来了朋友兴奋的声音。

我揉了揉惺忪的睡眼，晃晃悠悠地走过去打开了门。朋友一走进来，就像小孩子找到了什么宝贝似的，满脸都乐开了花。朋友一边笑着，一边把藏在身后的手拿了出来，只见他手里握着一把各式各样的糖葫芦，有草莓的、猕猴桃的、香蕉的、紫薯的、黑枣的，彻底把我看傻了眼。“你在哪里找到这么多糖葫芦？”“你不是说想吃糖葫芦吗？我刚才出去溜达的时候，就一路找人打听，终于找到一家卖很多种糖葫芦的，便给你买了些回来。”

大多数人都不好意思主动结交陌生人，但我朋友有一个本领，就是到了一个陌生的地方之后，很快就能和陌生人打好交道，从而得到自己最想知道的信息。他在陌生城市里的适应能力真是让我自叹不如。

在接下来的几天里，我们去了早就计划好的几个景点游玩。除了去景点之外的时间，我都老老实实待在房间里，而朋友则是个坐不住的性子，总是在四处逛。

转眼之间，就到了要回家的日子。当天下午，我和朋友背着旅行包从住处向火车站走去，路过一家水果店的时候，里面的一个女店员冲着朋友挥了挥手，露出了一个灿烂的笑容。朋友也连忙挥了挥手，笑得很开心。

“认识？”我忍不住问道。朋友回答：“买水果认识的，很健谈的一个女孩儿。”没走多远，迎面走来的一个中年人，看见朋友之后，热情地和朋友聊了起来，得知朋友要回家了，中年人还不忘握着朋友的手嘱咐他：“下次再来一定去我那里坐坐！”

在随后的路上，我们又碰上了几个和朋友打招呼的人，无一例外的，都是他这些日子新认识的。

朋友和陌生人打交道的能力之强，把我看得目瞪口呆。他在我们的熟人圈里本来就是一个传奇，十多年前独自一人出来闯荡的他，如今已经有了让人羡慕的事业和家庭。

在回来的车上，我好奇地问他怎么会和陌生人相处得这么好？朋友听完之后，哈哈大笑，然后很认真地告诉我：“当年我刚出来闯荡的时候，根本都不知道应该怎样和陌生人接触，感觉特别不好意思，很多时候只能硬着头皮和陌生人打交道。时间久了，我发现和陌生人打交道是一门学问。首先，不要和那些言谈举止轻佻傲慢，或是凶狠霸道的陌生人接触，和这种人打交道，有百害而无一利，甚至连自己的人身安全都未必能有保证；其次，不管对方从事什么行业，都要发自内心地尊重对方，礼貌地和对方打交道，当别人感受到了你真诚的尊重之后，自然也乐于和你接触，这样你们之间才能建立良好的互动关系；最后，善始善终，每一次和陌生人打交道都争取以笑容开始，也以笑容结束，要保持一种轻松愉快的交流氛围，让对方自始至终都对你有好感，从而让你得到一个新朋友。我正是因为做到了这些，这么多年来才能把许多陌生人变成我的朋友，我的人生也因此受益匪浅。”

朋友的话让我大受启发，我们很多人都在不停地漂泊着，我们从一个城市到了另一个城市，我们都会遇到很多的陌生人，如何和这些陌生人打交道，是我们不得不面对的问题。当你掌握了和陌生人相处的智慧之后，对你而言，除了一些人品有问题或是会给你带来安全隐患的人之外，这世间就少有陌生人了，有的只是等待你去认识的新朋友。而一个能把更多陌生人变成朋友的人，必定会拥有更顺利更美好的生活。

老不掉的女子

●许冬林

总有那么些女子，我行我素，或者，我舞我自娇，于水墨一样清淡的生活里五彩斑斓地活着，不买时光的账。

我说她们是老不掉的女子，亦妖亦仙。

法国女作家杜拉斯算一个。66 岁高龄，竟然和一位 27 岁的大学教授相恋，敢于挑战极限的女子，总是难免要叫人侧目的。她不管，她恋她的。“我喜欢就好！”在我们国家，这样的高龄，是早已经退出江湖不好意思再折腾了吧。我总以为，爱情像气功，哭啊闹啊，欢啊醉啊，丹田里没那么一旋涡的真气，是摆平不了事的。我等俗女子，常常是，经历了一场爱情的悲欢后，便怕了，即便再有爱情续集，也是常被我们弄成了习惯性流产。红袄绿裙下，包裹的是一颗苍老的心。

在市井人眼里，66 岁的女人，即便找一个夕阳红，那起码是在 70 岁左右晃的人啊，60 岁的都不敢要。老了啊……老了！人家杜拉斯可没觉得自己老，老妻少夫照常逍遥，让世俗的人们干瞪眼去吧。每一场爱情，于她，都是盛世狂欢，她永远都有着一颗十六岁的恋爱的心、不老的心。

在老不掉的女人那里，爱情永远是一道新上来的甜品，即便不吃，赏心悦目也是好的。我的一个朋友，从十几岁到现在快四十岁，她都是在谈恋爱，长亭连短亭，一场又一场。我有时纳闷，就问她："年年月月谈恋爱，你就不嫌累吗？"她说："不啊！我享受着呢，可能是我的雌性激素分泌比常人旺盛，那些服装干净气质优雅的办公室男人，对我来说总是充满诱惑！"我骂她老妖精。

这样的女子，总是有点邪媚，骨子里有着妖性的，根本就没打算老，也老不掉。

我有一些奶奶级别的朋友，五十多岁了，喜欢K歌，喜欢给自己拍花前松下的照片，喜欢到精品小饰店里淘东西。她们喜欢旗袍，还喜欢戏曲，京剧或者昆曲，偶尔，手机铃声会是周杰伦的《青花瓷》。她们懂得善待自己，养花养鸟养鱼养草，那些平淡的时光里，总不忘常常给自己弄一点小欢喜、小满足、小感动。她们喜欢上网，喜欢告诉我她们网上的异性朋友，甚至偶尔露出几句她的异性朋友的情话来。她们甚至自己开车自驾游，几个人一道，自带帐篷，露营。还打电话邀请我一起，吓得我电话都从手心里抖掉了，那头她们叽叽喳喳地笑。她们温柔，温暖，有一点贪欢的心。我想，她们若是花投胎来的，一定是泼辣地开到秋后的波斯菊或者大丽菊。柔韧，张扬，妖娆，明朗，又不失活力，这就是她们，以至我常常要人前人后地咒一句：这些老不掉的女人呀！下辈子的精彩都让她们给提前挥霍了！

时光是一盘大大小小的玉珠子，倾在地上，滚走了，有人抹了泪在找，找到老。有人不找，只兀自坐在窗前，欢喜地挑针弄一袭锦袍，绣了鸳鸯牡丹好春光，也把自己绣进去，就这样老不掉了。

有些人，错过就不再

●仲利民

他和她在公司里同一个部门做事，他们都是基层员工。

他比她先到公司，她来时，他已经非常熟悉各项流程。她做，偶尔忙乱，他就会教她，有时也会帮她做，她就对他笑，似是感谢。

她不算漂亮，却让他怦然心动。她平常的相貌里，有一种清秀，散溢出迷人的芬芳。他边做事边与她说话，她话很少，总是用笑来表达。他就有些摸不透她的内心。

有一天，他们一起下班，她买了冰淇淋，递给他，让他觉得意外。也许，那算是感谢罢？那天，他们一起散着步，一问一答，也说了许多话。他心里有了盈盈的欢喜，他明白，她是喜欢他的，只是不太善于表达。

他想向她示好，但又有些不好意思，他想着等有合适的机会再说吧。

机会是很多的，却总是不怎么合适，觉得有点突兀。

情人节那天，终于鼓足勇气，决定向她表白。他特意买了一束鲜花，准备在下班后献给她，并邀请她去就餐，选一家浪漫的餐厅，在那样的环境里，说出内心的话，会有非常好的效果。

他在等待下班的时刻。

时间一点点地临近，她却忽然间失踪了。她有约会吗？为什么忽然间走了？

他觉得不太可能，来来往往，她一直是一个人的，他有直觉，她还没有男朋友。

后来，他了解，她那天早早地离开，是母亲忽然病了，需要她赶回去照料。他买了礼品，前去看望。她的母亲不停地招呼他，让他觉得亲切。出门时，她下楼送他，一直送了很远。他想说，却又没好意思说出口。他给自己找理由：还是等她母亲身体好一点再说吧！

忽然有一天，公司安排她外出学习两个月！在她走后的一周，他忍不住给她打了电话，她问："有什么事吗？"

他本来想说："我有些想你。"

话到嘴头又临时改口说："你在那边学习还好吗？"

她说："学习还好，就是生活不太习惯。"

他想：两个月，熬过去就好了。

两个月过去了，她没有回来。她调到学习的那个城市去了。

就在他打电话的第二天，她下班回去的路上，被车擦碰了一下，住了院，身边有了一个照料她的人，那是个可爱的男孩，两个月的学习培训就是他负责的。在她住院的那些天里，不仅无微不至地照料她，还渐渐地喜欢上了她，并且勇敢地表白了。她，接受了。

他想：也许她没有喜欢过他，即使自己向她表白了，她也未必应下。他宽慰自己。

如果不是那天遇到她的母亲，他就一直这么安慰自己了，直到渐渐地将她淡忘。

她的母亲遇到他，才知道她一直喜欢着他，她经常在母亲面前讲他的种种，她一直在等他的那声表白。那天，他去看望她的母亲，她一直送了那么远，就是等他说一句话。他却因为内心的不好意思，把情话藏匿得找不到合适的出口。

别不好意思，有些话，该说出口就要即时说，有些人，该去爱，要大胆去爱。一旦错过，便从此天涯海角。

爱在你心底，坚持了那么久

●艾美丽

我读高中那一年，失业许久的父亲，找到一份给某个私企老板开车的工作。他从没有在我面前提起过工作上的事，我也一直以为，他像别的司机一样，鞍前马后地为老板服务。每天，在我还没有睡醒之前，他就早早起床去上班了。当我骑车穿梭在车水马龙的大街上时，我常想象其中某辆气派的车，是父亲开的。我为此在同学面前炫耀，撒谎说父亲每日开着本田，在城市里兜风。同学们皆羡慕，说："何时让我们坐坐就好了。"我则当即夸下海口："等着吧，改天我爸有空了，一定请你们坐车回家。"

这一句谎言，让我在同学面前风光了很长时间。昔日对我不冷不热的女生，皆开始讨好我，用我不习惯的热情，将我紧紧地包裹，直到我在这浓得化不开的示好里，心虚，无助，焦虑，甚至窒息。

因为长相不佳又成绩一般，所以习惯了被人冷落的我，终于在这样的炽烈里，寻找到唯一可以让自己解脱的办法。我在周末吃晚饭的时候，鼓足了勇气，对父亲说：“这两天我身体不舒服，明天放学能否去接我？”父亲习惯性地将手放在我的额头上，说：“发烧了吗？”我即刻躲开他的大手，红着脸继续撒谎道：“反正就是身体不舒服，有好几次骑车都差点撞了人，你要是不想接，就算了。”父亲明显有些犹豫，视线，竟像我一样，开始躲闪。一旁的母亲，不明就里，劝道：“你就给老板说一声，去接她一次吧。”父亲叹口气，说：“好吧。我在学校的拐角处，等你。”

一整个上午，我都处于莫名的兴奋之中，几个与我同路的同学，也在我一遍遍的嘱咐里，像被火燃烧着的木头，发出噼噼啪啪的脆响。而我，则在这一路延伸下去的火苗里，化成纸做的蝴蝶，翩翩地在上方起舞。

放学的铃声一响，我便大声地招呼着几个同学，得意扬扬地飞出了教室。一路上，那些拥挤着来接学生的自行车、三轮车、电动车、小轿车，统统被我忽略掉，我的眼前，只有一条铺满鲜花的大道，一直通向父亲在拐角处等待的本田。

并没有本田等在拐角处，但却有一辆并不逊色的深蓝色奔驰。透过车窗，我看见朝我招手的父亲。我飞快地跑过去，还没有打开车门，便对父亲喊：“爸，今天有几个同学同路，你也一块儿送送他们吧。”父亲的脸色，明显有些难堪。他为难地朝后座看了一眼，我这才注意到，后座上正坐着一个男生。

而他，竟是我向来讨厌的邻班的陈达。

一旁的同学，显然也看见了陈达，有人嘴快，问道：“陈达，你怎么也在小涵爸爸的车里？”陈达不屑地瞥我们一眼，说：“我天天都在啊，这是我爸专门接送我上学的车，喏，前面坐的，就是我的专职司机。我刚刚知道，原来司机叔叔的女儿就是你们班的王小涵。叔叔早说啊，每天让她搭顺风车多方便，也省得骑车过马路出危险。”

陈达的语气里，有明显的骄傲和奚落。而父亲，则一脸堆笑地回道：“那怎么行，这是我的工作，公私应该分明的，小涵也一直这么支持我的，对吧？”我看见父亲的神色里，淡淡的忧伤，终于明白，为什么他一直在我面前隐瞒自己的工作，他原本是怕自己的女儿在同学面前受到伤害。

可是，我可怜的自尊，已经被周围恍然大悟的同学，无情地揭掉。除了转身跑掉，我想我没有别的办法，逃掉这场让我无比绝望的难堪。

那天，我躲在自己的卧室里，连饭也不肯吃，父亲敲了许久的门，最终，叹口气，走开了。

我不知道如何挨过了那段难熬的时光，那些八卦的女生，再不理我，而且，还将父亲给陈达做专职司机的消息，像头号新闻一样，传播开来。一向默默无闻的我，突然声名远播。几乎每一个人，都知道，父亲无法接送我上学，却尽心尽职地为别人的孩子，早出晚归。甚至，在车上，还要为他辅导功课。

这样的嘲弄，并没有承受太久，因为，很快地，父亲便辞去了这份薪水丰厚的工作，母亲问及原因，他只淡淡一句：“太辛苦，想换份清闲点的工作。”他当然是在撒谎，没有什么工作能比这份工作更好。他之后做过搬运工、售票员、街头小贩，每一份工作，都比这份辛苦许多倍，但他，却始终是笑着的。

除了我，再没有人能够明白，他的这份辛苦，是为了什么。而这份爱，我是过了许多年，才肯承认的。那时，我已经读了大学，他因为一场病，住进了医院。我请了假，从另一个城市赶去看他。两个人坐着，依然是很少的话。但看得出，他脸上的开心。后来，我出门为他买饭，回来的时候，听见他在大声地跟护士说话：“我们家小涵，一直是我们的骄傲呢，不仅聪明，而且懂事，为了这样好的女儿，做父母的，再辛苦，受再多的委屈，也是值得的。”

我站在门口，默默地听着，终于知道，生活给予过我的难堪和委屈，他曾那样奋力地，为我阻挡过。而年少无知又虚荣的我，却是自私地，将这份无声无息的呵护、将他在困顿面前的低头，统统地丢掉，只给他一个冰冷的背影。如果当初我能够开开心心地挽着他的手臂，告诉他：“父亲，无论你做什么工作，我都爱你。”那就好了。他不会再那么辛苦，我也不用再这么内疚。

而他，却在这样不平等的交换里，把这份爱，坚持了那么久。

第三辑

虚荣作祟累身心，死要面子活受罪

习 惯

● 陈学长

或许是因为我在单位年龄较大、资格较老的缘故，有些同事就给我戴了顶帽子——经理！我压根儿就不是什么经理，只是项目上的主办会计，被人“经理，经理”地叫着很不自在，脸上滚烫滚烫的，像要燃烧起来，觉得自己像穿着假冒的名牌服装四处招摇。

我得改变下这种状况。

那天一大早，我刚进办公室，营销部小马的话便热情地迎了上来，说：“陈经理早啊。”

我停下脚步，说：“早啊——但我得声明下，我不是什么经理，以后就别这样叫我啦。”

小马正喝着豆浆，听后扑哧一声笑了，喷出的豆浆洒了一地，他清了清嗓子，说：“陈经理啊，你德高望重，大伙儿这样叫你没错，而且，你也是项目上的财务老大，经理级别的。”

我眼睛一睃，提高了嗓门说：“是经理就是经理，不是就不是！哪能乱喊呢！”我这么严肃地说，不过是想让他知道我是认真的。小马立刻站了起来，因为情绪激动，他也加大了声音，说：“我们营销部的好多人都不是经理，可名片上印的都是总监、经理的，对外也这样称呼啊，你就别太认真啦，财务大经理！”

小马的话似乎有点道理，或许是我这做会计的认真过头啦。我决定不再操心这事，反正我又没让人家叫，嘴长在人家脸上，随他说去吧。

过了一些时日，听“经理”习惯啦，便觉得别人这样叫是理所当然的事情，单位的元老级人物，还能再让人呼成“小会计”吗？再后来，对那些“陈会计、陈会计“的称呼声，反而觉得有点不顺耳了。

这天，行政部的小朱来找我报销，说：“陈会计，礼物来啦！”眼下，叫我陈会计的人寥寥无几，他是成心觉得我不行么？表面上我风平浪静，可心里却泛起了波澜。我扫了眼报销单，说：“写招待费就行啦，还写上‘招待某某某’干啥？”小朱乖乖地回去改了。过了一会儿，他又过来了，讪讪地递给我报销单，说：“陈会计，看我改得够帅了吧？”我一听他还叫“陈会计”，内心老大的不高兴，快速地翻了下报销单，不耐烦地说：“发票怎么贴的？乱七八糟的，回去重新贴。”小朱又回，这次过了很久，他才回来，拿着贴得整整齐齐的报销单双手递给我，说：“这次行了吧，陈经理？”

经过这二次折腾，他脑子总算转过来了，也不知道有人指导了没有。听他叫我陈经理，心情马上就舒畅了，我接过报销单翻了翻，拿起笔龙飞凤舞。本来该签上自己的名字——陈学长，可心里一激动，竟然写成了“陈经理”。涂改时，暗想，我是不是对这顶帽子——陈经理——也太在意了呢？

打这以后，单位的人都叫我“陈经理”了，可叫声却有别于以前了，就像使劲敲打着一块石头发出的声音，硬邦邦的，怪怪的。我总觉得少了点什么，而且，都是在找我办事的时候才叫我“陈经理”，其余时间压根儿就不搭理我。他们在路上见了我，就像什么都没看见，仿佛我就是一团空气。

今早，我又一次无声无息地来到座位上，经过这么多次无声的折腾，我脑子也终于拐弯了，当初不好意思当“陈经理”，现在又不好意思做“陈会计”，结果差点丢了初心，也丢了世界。回头看看，发现自己已经离开自己走了好远。

发愣的时候，小朱拿着一摞报销单又找到我，说：“陈经理，你看看我这个行吗？”

我接过报销单，笑了笑说：“小朱啊，我确实不是经理，以后还是叫我陈会计吧。”

小朱有点疑惑，说：“小马他们都这样叫你啊。”

“开玩笑叫叫可以，可假的毕竟是假的，我还是听着‘陈会计’心里踏实啊。

听完这话，小朱有点激动，像找回失踪多年的亲人似的走到我跟前，摇着我的胳膊，说：“陈会计终于回来啦！”

爱慕虚荣的乌鸦

●伊索寓言

从前，各种鸟在一起生活。鸟儿们都认为自己最美丽，常为此而争吵。因为鸟儿们总是叽喳叽喳吵个不停，上帝受不了了，就把鸟儿们都叫过来说：

“我要从你们当中选出一只最漂亮的鸟作为鸟王。”

鸟儿们都想做最漂亮的鸟王，就到河边干干净净地洗了个澡，然后开始打扮。

“我会成为最漂亮的鸟王。”

“哼！你不行，我将成为鸟王。”

乌鸦羡慕地看着鸟儿们互不相让、忙于化妆的情景，吁了口气。

“我也要成为鸟王。”

乌鸦每天徘徊于河边，或捡别的鸟儿掉下的羽毛，或拿自己的好东西换颜色漂亮的鸟儿的羽毛，然后趁别的鸟儿不注意，偷偷地插到自己的身上。“哎？怎么回事呀？乌鸦变成一只漂亮的鸟了。”

乌鸦看到自己水中的影子，也吃了一惊。

“哎呀，真奇妙！这是我吗？啊，真漂亮！”

乌鸦忘了自己的真面目，好像自己真的变成一只漂亮的鸟似的，得意地进入大会场。上帝从没见过这么漂亮的羽毛，就把乌鸦选为鸟王了。

“你到底是什么鸟啊？”

“第一次看到你，你从哪来的？”

“……”

这时，有一只鸟儿发现乌鸦身上有一根羽毛是自己的。

“哎，那是我的羽毛呀？”

“对啊，那根是我的。”

“……”大家议论纷纷。

乌鸦周围的鸟儿一个个都过来拔乌鸦身上属于自己的羽毛。

乌鸦拼命想护住身上的羽毛，但无奈寡不敌众。不一会儿身上美丽的羽毛就被鸟儿拔光了，只剩下自己原来的羽毛了。乌鸦羞愧难当，慌忙飞进树丛里去了。

长眼睛的靴子

●［蒙古］阿·阿不尔赛罕　照日格图　译

在娶老婆之前我并不知晓生活中还有那么多令人烦恼的事。所以我喜欢上了一个姑娘。

终于有一天，我俩进行了一次推心置腹的交谈。

她问我："你爱我吗？"我说："为了你，就是让我们骑着两匹枣红马周游世界我也心甘情愿。"

"那就够了。"

心爱的姑娘满意地对我说。

没多久，我们就结了婚。我们搬进了一个比较舒适的爱的小屋。有宽敞的床铺、有电视机，对于我们这样的大学生，这就相当不错了。我拥有了一个温柔体面的娇妻，一切都令人满意。

可是有一天，娇妻对我说："我们班的女生们都开始穿上有一排电纽扣的靴子了，只有我没有，我都不敢和同学一起出入了。”

相互攀比和模仿，是女人的天性，这我理解。于是我揣上这个月的薪水上了大街。商店里没有买着，又来到集市上，我发现了那种款式的纽扣靴子，那个长得灰不溜秋的摊主开口就要价400元。

我摸了摸相当单薄的钱包，正发愁呢，恰好碰到了一个熟人救了我的急。

于是我的妻子也穿上了新款式靴子，又可以和姑娘们一道兴高采烈地并肩行走了。

过了几天，妻子又发起了牢骚："亲爱的，我都不敢踏进教室了。诺尔金、罕达她们都穿上了镶有彩云花纹的皮靴，我怎么能够再穿这样的靴子去上学？"

我们经过一番商议，决定把电视机卖掉。从此，我的妻子又可以穿着新靴子安心地去上课了。

可是没过多久，妻子说又有人穿着一种最新款式的靴子，于是我家的双人床也没了，邻居们都羡慕我的妻子经常穿各式各样最新款式的、最时髦的靴子，可是他们却不知道我们没有睡觉的床。

一天，我上晚自习回来，看见妻子正在独自落泪。原来，她们班的姑娘们已经淘汰了那种没有脚后跟的靴子，开始流行穿打补丁的靴子。

“亲爱的，别哭了吧，钱我们可以想办法去借呀。”我安慰道。

妻子嘤嘤嗡嗡地抽泣着说：“听说罕达用房子换了靴子。”

听了这话，我感觉我的脸马上变了，但又想起当初说的“骑着两匹枣红马周游世界”的承诺，就强咬住舌头没再反抗。

我们卖了房子，寄宿在别人家闲置的一间小屋子里。那天，我和妻子手挽手走在小巷里，看见有一个打扮得妖里妖气的姑娘从对面走过来，眼尖的妻子看见了那女人的靴子，长长地悲叹了一声，说道：“我没法子再活下去了。”

我慌忙问道：“又怎么了？！”

“你瞧人家都穿上梅花斑点的靴子了，我们快回去吧。谁还有脸穿着这种过了时的靴子出来，姑娘们要笑话我了。”

这次是妻子看花了眼，她把人家在路上溅了泥点的靴子看成了新款式的，急得头脑发昏了。我打心眼里同情走火入魔的妻子，突然想跟她开个玩笑。

“依我说，这个款式也早已过时了，现在都已经有长眼睛的靴子了呢！”

“什么？长眼睛的靴子？”

“是啊，在靴尖上镶一只大眼睛的靴子，你还不知道吗？”

“那我们也赶紧去定做一双吧……”

“可是，要做这么一双靴子，要用活人的眼睛……”

“不会吧！天底下哪有这样的事……”妻子忍不住大叫了一声，继而又陷入了沉思。

我正想接着玩下去，只听妻子用一种近乎绝望的口气说：“不知疼得厉害不？要不，我们去看看？”

我不打算换个鼻子

●朱成玉

2006年，英国网站公布“世界上最具自然美的人”评选结果，71岁高龄的意大利女星索菲亚·罗兰超过一众后辈，拿下第一名。

评语写到她“热爱生活，喜欢吃意大利面，有时候会洗上一个橄榄油澡……是世界上最敢于展示女性美的人之一”。

她的美绝对是天然的，为此热那亚主教曾经说，梵蒂冈反对克隆人，但如果能克隆一个索菲亚·罗兰的话就可以例外。其实早在2000年，65岁的索菲亚·罗兰就曾经击败了许许多多年轻貌美的超级名模获选“千禧美人”，成为“奶奶级美人”，她的大嘴甚至一度成为性感的代名词。

作为一个女人，索菲亚·罗兰可谓风光到了巅峰，无人能及。可是谁能想到，刚开始出道的时候，她的容貌恰恰是让人质疑和嘲讽的。

第一次试镜时，摄影师抱怨她那异乎寻常的容貌，厚而阔大的嘴唇，异常突出的鼻子，为此导演建议她把突出的鼻子整容一下。“我不打算换个鼻子，尽管有的摄影师不喜欢灯光照在我脸上的样子。”索菲亚·罗兰坚定地说，“他们得好好琢磨怎样给我拍照。我认为，如果我看上去与众不同，这是件好事。我的脸长得不漂亮，但长得很有特色。”在不去做整容手术就有可能无法实现演员梦想的情况下，索菲亚·罗兰依然对所有人说：“不，我要保持我的本色，我什么也不愿改变。”正是这种对自己价值的肯定和无与伦比的自信心，使导演卡洛·庞蒂对她重新审视，从而真正认识了索菲亚·罗兰，开始了解和欣赏这个倔强的小姑娘。

索菲亚·罗兰没有对摄影师们的话言听计从，没有为迎合别人而放弃自己的个性，没有因为别人而丧失信心，所以她才得以在电影中充分展示她与众不同的美。而且，她的独特外貌和热情、开朗、奔放的气质开始得到人们的承认。后来，她主演的《两妇人》获得巨大成功，并因此而荣获奥斯卡最佳女演员奖。

在走向成功的路上，我们可以缺乏任何东西，但就是不能缺少一样东西——自信。爱默生也说过：“自信是成功的第一秘诀。”这绝对不是一个空洞的口号，而是一个渴望成功的人必须具备的素质。想要成功，就一定要让它扎根在灵魂的深处，跟随自己的心脏和血液一起跳动和流淌。

这种自信，就是坚持做你自己，甚至从来不为身上的哪个“零件”长得不符合大众审美而觉得不好意思。像索菲亚·罗兰一样，虽然样貌平凡，但一样可以光彩照人，最终令全世界惊艳。

两个最重要的词

●[美]苏菲·格达　孙开元　编译

有两个词很小，但是如果我们不会使用，干什么事都不会灵。要是不信，你和别人说话时，几分钟不说这两个词试一试。当我们想说出这两个词时，还可能到了嘴边又不敢说，这两个词就是“是”和“不”。那为什么我们在需要说出它们时，又没有勇气堂堂正正地说出口呢？“因为在社会交往中，这两个词虽小，却有着重大含义”，《正能量助你成功》一书的作者罗宾这样说。既然这两个词如此重要，我们就有必要知道为何说、何时说、怎样说这两个词了。

假如你想改变一下平庸的生活，要学会说“是”。一个孩子长到3岁时，已经听到了20000多次“不”。还记得上一次你顾虑重重地面对让你恐惧之事时的情景吗？那种时候你总是会担心把事情搞砸。“对于未知的恐惧让我们不敢说‘是’。”罗宾说，“对于可能出现的失败的恐惧让我们失去了很多体验成功的机会，而这些成功都源于你说一个‘是’。”下面我们看看怎样把“是”迎进你的生活。

1. 要学会勇敢一试

如果你从没迈出过你的安乐窝，试着先说一声“是”，然后再考虑其后将会发生的事情。“不敢接受挑战或机遇，一半原因是你高估了它们。”罗宾说，“这时我们就要抛下恐惧，接受挑战，不要自己吓住自己，而要勇往直前，事情很可能不会像你想象的那样可怕。”

2. 正视困难

对到来的机会说“不”会给我们留下一种负罪感，因为我们给自己的热情关上了大门。说“是”是一件令人兴奋的事情，即使事情没有按我们预期的那样发展，我们也会有所收获。要知道，如果畏缩不前，就不会取得任何成就。

3. 从小事开始

也许你从没报名参加过蹦极，这无可厚非，因为不是谁都能做得了这项运动。对所有事都说“是”只能带给你紧张和疲惫，所以必须要有选择。仔细思考一下你想要的是什么，然后对那些有助你达到目标的一个个较小的挑战说“是”。

4. 不要怕失败

“人们一想到失败就会感到恐惧，但是只有经历了失败，你才会知道它其实不是那么可怕，而且会让你变得成熟。”罗宾说。有时候，你的好想法要经过多次尝试才能知道结果，那就放手一搏。

下面我们看看怎样说“不”，如果你在生活中感到压力大、疲惫不堪，那就要学习说“不”了。你是否有过这样的经历：翻开日记，你发现自己做了那么多本不想做的事，这让你自己都感到纳闷。“我们总是觉得什么事都难以放手，因为我们担心会招来别人的怨恨。”罗宾说，“我们也经常过分操心，或者给自己设定一个长远目标，但是目前又不想为之努力，因为那个目标似乎很不现实。”

就帮助别人来说，助人为乐没有错，但是如果我们连自己的事情还没有做好，就来者不拒地答应别人的要求，就很可能让我们感到紧张、烦恼、不满和失望，所以你要学会在何种时候说“不”，根本不必感觉到丝毫的不好意思：

1. 对事不对人

如果你觉得心有余而力不足，那么你可以对别人说“是”，但对事情本身说“不”。“这意味着受到你拒绝的人不会感到受伤害，也不会怨恨你。”罗宾说。拒绝别人时，你的用词应该表明自身原因，比如“这件事我是爱莫能助”或者“我不好插手做这事”。这样的用词就不容易招致对方误解。

2. 给自己思考的时间

“有时我们不知道自己是否有能力帮助别人，但是又不好立即回绝对方，于是就答应了，其实这是不负责任的。”罗宾说。在这种时候，你可说：“我现在正忙，一会儿回复你，可以吗？”这样，你就可以给自己一点时间仔细思考一下，给对方一个恰当的回复。

3. 不必有负罪感

有研究显示，说完了“不”，接下来，女人比男人说的道歉话要多得多。“拒绝了对方之后，不用没完没了地道歉。”罗宾说，“道歉话说得太多了会削弱你的地位，也会给对方机会来改变你的初衷。”

4. 换一种方式帮助对方

“如果别人让你做一件你不愿做的事情，拒绝对方时，要让你的拒绝之词听起来是人们常有的原因。”罗宾说，“比如，你可以这样回复对方：‘我觉得我不是做这件事的最佳人选。我能不能换个方式帮你？’这样说，就表达出了你仍然有帮助对方的愿望。”

谁是谁身上难堪的印痕

●吉安

他的父母，都是农民，不识字，也无法带给他任何的荣耀。他年少的时候因为成绩出色，被保送至市里读最好的中学。他就是在那时，开始借外人的视线，学会审视自己卑微的出身和父母粗鄙的言行，无意中给他带来了重重的烦恼。

他犹记得读高一那年，他与一群人正在走廊里说笑，母亲突然就走了过来。他先看见了，却并没有立刻迎上去，而是在母亲的东张西望里，尴尬地低下头去。他正试图在人群的掩护下逃开的时候，却被母亲兴奋地抓住了。就这样在众目睽睽之下，他任由母亲紧紧地拽着胳膊，说着琐碎的家长里短。原本那亲密无间的一群人，此刻，陡然就与他有了距离。母亲起了毛球的线衣，土得掉渣的方言，一声又一声唤着他一直羞于对人提起的乳名，手里提的大袋的手工煎饼，无一不让周围的人觉得好奇且热闹。像是一场精彩的戏剧，台下的人，纷纷在他们的表演里笑成一团；而台上饰演小丑的他，却是在拼命的蹦跳里，忽地生出一种几乎将自己吞噬掉了的无助与悲哀。他在喧哗嬉笑里，并没有记清母亲说过的话，也忘了母亲是求人搭了顺路车，专门来看望他，且将一肚子的话絮絮叨叨倾诉给他；他只是清晰地记住了那些外人的“关注”，和走廊里疏离的笑声与打闹。

此后他便再也不让父母去学校看他，他宁肯浪费宝贵的时间，自己跑 50 多里路回家去取不小心丢在家里的课本，也不会让父母送来，连带地将自己晦暗粗糙的一切，重复展览给人。他只是发奋地学习，将那些外人的嘲讽、冷漠与不屑，全都踏在脚下；一同踩下去的，当然还有原本让他温暖的父母的关爱。

通过这样卧薪尝胆似的努力，终于考入了理想的大学。去读大学的那天，父亲执意要去送他，可是在临上火车的时候，看着父亲挤在一群家长里，那么笨拙地帮他搬着行李，又因为有人无意中踩了他的脚，而差点在车上争吵起来，便终于一狠心，让父亲回家去，一切他自会处理。父亲第一次跟他急了，说这么小，又没有出过远门，一个人怎么行？他也在周围的吵嚷里发了脾气，说：“你不也是一样吗？没有去过北京，况且你连字都不认识，除了给我带来麻烦，还能有什么？！”他说完这句话，便觉得心里空了，那些淤积了许多年的泥淖与杂草，倏忽之间，便全都被除掉了。50岁的父亲，在一个又一个人的推搡里，呆愣了许久。后来，火车快要开了，父亲装作什么都没有发生过一样，笑着帮他把行李放好，又去给他接了一杯热水，这才转身下了车。他在慢慢启动的火车里，看见父亲在送行的人里，拼命地跑着，似乎要跟着这列火车，一同跑到北京去，但还是被飞快的火车无情地丢在站台上，再也看不见了。

他在大学里，依然是很少回家，电话，是从来不在宿舍里打的。即便是在电话亭，也要等到最后，人都走光了，才匆忙地插进卡去，与父母说几句闲话。大部分的时间，他是泡在自习室里的。家庭的贫寒，让他始终没有勇气与人自如从容地交际。而爱情，更是如此。他是在被学校保送了本校的研究生后，才开始与暗恋了他两年的媛交往的。媛低他两级，是学校一个教授的女儿。他应该会主动追求媛的，如果媛没有优越的家境。媛也是个矜持的女孩，等了他两年，见他依然无动于衷，这才着了急，一次次地跑来找他。媛的父母，始终是不喜欢他的，尽管见面的时候，也会与他说话，但言语里，明显地带了高傲与骄矜。幸亏媛是善良的，知道他的学费，都是贷款；知道他的生活费，全要靠自己打工挣取；知道他的父母，无法给他的前程带来任何的帮助，但依然执着地爱着他。

是媛的坚持，最终给他们的爱情带来了春天。媛的父母，为了宝贝女儿，动用关系将他留在大学，并在他毕业半年后，决定为他与媛举办盛大的婚礼。他没有告诉媛，在他的家乡，喜宴是一定要在男方家举办的，否则，必将招来亲戚朋友的嘲笑，认为父母没有能耐，连自己的儿子都留不住。他的父母，也曾一次次无比憧憬地谈起他的喜宴。但他还是隐瞒了这个秘密，他知道对于媛的父母来说，喜宴是他们一种变相的交际手段，他们骨子里的骄傲，是绝对不允许他们女儿的婚礼在破败的山村里举行，遭人耻笑。

他的父母，不知何时，学会了沉默。对于这次婚宴，他们没有说好，也没有说不好，只是托人捎话给他，说一定会坐火车赶去参加他的婚礼。但他还是不放心，甚至睡觉时，都梦见父母在喜宴上，每说一句话，都招来外人的哄笑。他为此曾小心翼翼地打电话给父母，暗示他们到时一定记得不要随便说话，以免惹得岳父岳母生气。

喜宴终于来了。他在父母迈进豪华宾馆的时候，便红了脸。尽管穿了簇新的衣服，但他们的神态与举止，却与周围的一切，如此格格不入。他只将父母安排到饭桌前坐下，便随了岳父岳母，去接待那些身份显赫的客人。忙碌的间隙，他偶尔瞥见父母，在角落里孤单地坐着，像是两个他极力想要摆脱掉却还是躲闪不及的乡下亲戚。这是他们儿子的婚礼，却与他们没有丝毫的关系。甚至，在最终开席时，因为涨红了脸的父亲，始终结结巴巴地说不出一句上得了台面的话，一旁的导师，代表父母作了发言。他依了繁缛的礼节，一桌桌地敬酒，但那心，却是在周围人意味深长的注视里，碎掉了。

他在父母走后许久，还无法洗清烙在身上的难堪的印痕。半年后，他回家，去小姨家闲坐，聊起他的那场喜宴，小姨突然说："知道吗，你的婚礼，给你父母留下了那么深的疤痕，他们从来都不愿在人前提起你这个留在大城市且富贵起来的儿子。你不愿意他们去看望你，不愿意他们给你打电话，不愿意他们在你的岳父岳母面前露面，甚至是说话。可是，你不知道，他们也同样不愿意让人知道，他们曾有过这样一个忘记了自己根基的儿子……"

他一直以为，父母是自己笔挺的西装上，难堪的一块油渍，却没有想到，原来自己也是父母身上，一滩尴尬的污渍。

你的虚荣

●艾美丽

母亲是个虚荣心很盛的人，又最爱走街串巷，逮着不熟识的人，都会同人家兴致勃勃地唠叨上半日，寻根究底般地问别人的家境好坏，收入高低，而后拿来与自己的作比。表面上吹捧人家一番，心里，却会因己不如人，而大大地失落上一阵子。回来自然会无休止地唠叨一顿，说谁家的房子大了挣钱多了，谁家的儿女孝敬爹妈买来高档营养品了，谁家的女儿钓了金龟婿风光回来走亲戚了。这之后自然是话锋一转，谈及父亲的平庸人生，又说我和弟弟两人只顾着自己读完本科读硕士，念完硕士还野心勃勃地要出国读什么洋博士，也不想想父母的难处，早点挣钱养家；哪怕让她同女伴们一样，抱个白白胖胖的孙子，出去让人夸一番，也比而今一年年没尽头地把书念下去强。

我们都觉得母亲无理取闹，皆不理她。或者推出父亲来，将她的嫉妒与虚荣批得体无完肤，一无是处。每每母亲都气呼呼地摔门而去，非得我们亲自去请才回来吃饭。但吃饭的时候，仍不忘把我们再痛贬一顿。我们知道她要面子，便让她一马。况且，从不珍惜自己所有，总把别人的一分好，放大十倍折磨自己的人，实在是不必与她计较。

所以我们照样在父亲的鼓励下，快快乐乐地一年年把书念下去；亦将出国的美梦，踏踏实实地做下去。甚至有了成绩都不愿告诉她，怕她又憋不住，拿出去与人作比，比不过人家，回来又惹是生非。

有一次出门买东西，回来走至一个拐弯处，却一下子停住了。母亲尖细的声音，很清晰地绕过墙，传到我耳中来："我们两个孩子一个比一个出息，都争着往国外去读书呢！我这当妈的，也能跟着沾沾光，到时去国外转一转，见识见识呢！"

我听了不觉一笑，想母亲真会为自己贴金，还没影儿的事呢，便被她这般说得像模像样。正欲前行接她回家，免得让人笑话，却听另一个差不多年纪的女人，懒懒一笑，道："还要念那么多年书，您老得搭多少钱操多少心啊，怕是等他们一个个成龙成凤了，您也吃喝不动了，没福消受他们这迟来的孝心呢。还是像我那几个儿女们好，大学毕了业便成家立业，早早地孝敬我，带着我各大城市地游逛，山珍海味地猛吃，经历过这些，死也心甘了。"

我的心，针扎似的痛。母亲却早已急急地接过去，说：“大姐你不知道，我那俩孩子，可是听话得很，从没用我操过什么心；从上大学起，就没花过家里一分钱；现在读了研究生，不只把书读得很棒，帮导师代课，比那工作了的人挣得还多呢！我说过很多次不缺钱花，还非得每月给我寄千儿八百的，说让我领双份退休金。这不，我穿的这衣服都是他们买的；你看这羊毛衫，就是今年我和他爸被他们接到上海游玩时买的，五六百块，是外国的名牌呢！”

这样一通话，终于让那女人虚情假意地说了一句：“您老好福气啊。”便失望走开了。而我的心，却在母亲这番极力为自己贴金的谎言里，针扎了似的，一阵阵地痛。从没有想到，虚荣的母亲，在人前竟是这样极力袒护着我和小弟。而我们，不仅没有努力地满足她本性里的一点点虚荣，甚至连她受了人嬉笑之后，也没有一点点安慰。

我红着脸，深觉惭愧，躲开犹自站在原地发怔的母亲，飞快地跑回家去。想着自此之后，没有享过什么福的母亲，再怎样地喋喋不休，我的这颗心，也都应耐心地停下来，陪她分担一些这样无处可以排遣的寂寞才是。

从此不再帮人忙

●余毛毛

我在某区的一个职能管理部门工作，单位里十一个人，我自称“第七把手”，因为除领导班子六名成员外，小的们就算我资历最老。这自然是笑谈，也说明了我手中没有什么权力，只不过是螺丝钉一类的人物。一个人在工作、生活中经历些委屈是常事，我也能看得开，但委屈自己的心灵、丧失自己的人格，我认为活着就没什么意思了。当然清高并不意味着无礼和狂妄，我对领导一向是尊重的，对同事一向是谦和的。做人要有修养，这点起码的道理我还是懂的。

但我这厢清高，那厢却总有人来找我帮忙。他们认为我在某职能管理部门上班，又工作二十多年了，多少有些关系。为了别人的事我不得不常常低头求人。一次，一个少年时代的朋友来找我帮他的孩子办独生子女证。他们夫妻都是马马虎虎的人，孩子都七岁了，却还没办独生子女证，如果不是孩子要上小学，我估计他们还不会办。他们找到了计生委，要求办证，计生委要罚他们的款。他们想到了我。计生委主任和我同时参加工作，年轻时是对桌的同事，虽然后来因为他的升迁忙碌而疏远，但到底说得上话；而且这对夫妻的确只有一个孩子，我认为补办证也不是什么了不得的事。于是我就带着他们夫妻去找主任，请求他减免罚款。却不料罚款不仅没有减免掉，反而被他官腔官调地说了一通。朋友对我很失望，我自己也落得一肚子闲气。

又一次，乡下的堂妹打电话找我帮她销橘子。我在电话里支支吾吾，表示为难。她抢白我道："哥，你在管理部门工作，认识不少老板，你打个电话给他们，我们自己送去就是。今年的橘子收成有两万多斤，我天天在马路上卖，一天也只能卖一二百斤，不及时销掉，橘子会烂的，孩子们就指望着橘子钱缴学费呢。"没办法，我只好打电话求人。第一个老板接到我的电话，说："余湾的橘子太酸，品质不好，不好吃。"我只好挂了电话，让人吃不好吃的橘子，连我自己也难为情。打给第二个老板，他说："今年我们亏损，实在是没钱吃橘子。"这个老板刚花一百多万买了部奥迪 A8，却吃不起八毛钱一斤的橘子，这明显就是推脱之辞。堂妹的橘子没卖掉，我自己内心有愧，也在亲戚间落下了不好的名声。

还有许多大大小小的事，别人找我帮忙，我都没有办成。

想一想，在中国这样的关系社会、人情社会中，手中没有一点能和别人交换的资源，没有一点权力，又想帮助别人，几乎是件不可能的事。我常为此而觉得不好意思，又不好跟别人讲明自己的苦恼，但近日读日本人吉田兼好的《徒然草》，书中的一句话给了我启示，也给了我安慰。他说："酬谢他人，穷人不要用出钱的方式，老人不要用出力的方式。明白自己能力的限度，做不到就放弃，是聪明的表现。别人不许你放弃，是别人的错；不自量力而勉强行事，则是自己的错。"所以我想说，在自己没有能力或没有把握的情况下，通常不应以求人的方式来为别人帮忙。

最后一面

● 向鹏程

几年前夏季，在新疆打工的他坐火车回陕西老家。途经省会时，他专门下车去看望儿子。

儿子那时已经成了家，有了孩子，在西安做点小生意。为了不给儿子添麻烦，他没有提前通知便直接去了。远远地，他望见儿子在自家的杂货店前和一个人说说笑笑。

他走近，从背后唤了一声儿子的乳名。儿子闻声转过身，怔怔地从上到下看了看他：头发毛糙、满面油垢，一咧嘴便露出了两排黄牙；军蓝色的短袖、长裤旧得尽是褶皱；手中还提着两个灰白的大袋子。几秒钟的时间，儿子从讶异变为愠怒。

而他，清楚且深切地感受到了儿子的想法。他放下手中的物件，尴尬地笑道："我来西安办点事，你爸让我顺便给你捎点东西。"他说着从背上的包中拿出一包无花果和一包葡萄干递给儿子，"这是新疆的特产。"

儿子接过东西，试探性地说：“那进屋喝口水吧，这一路上也挺累的。”

他摆摆手：“没事，你忙，我先走了，好好照顾身体。”这句告别的话便成了他对儿子说的最后一句话。

两个月后，他因为肺癌去世。此时的儿子终于明白为什么父亲会在两个月前突然从新疆回来，还带着大包小包的行李去看他。

然而，已经晚了。他错过了人生中与父亲的最后一次交流。在父亲与他的最后一面中，他亦没有叫他一声“爸”。

后来，在父亲的葬礼上，他声嘶力竭地喊了无数声“爸”，可父亲终究听不见。

那晚，他跪在父亲身边，不由自主地回忆起小时候。有一次，放学时天降大雨，路上泥泞不堪，他的脚陷进泥里便拔不出来。费了九牛二虎之力，他才走了不过几米远。孤苦无助的他将书包狠狠地扔在雨中，蹲下身埋头哭泣。也不知过了多久，父亲将他拉起背在背上，提着他的书包便回了家。

那次，因为淋雨的缘故，他感冒了，高烧不退。父亲背着病恹恹的他到县城，母亲看着他苍白的脸颊，忍不住啜泣：“这一去，还不知能不能‘回来’。”父亲的回答斩钉截铁：“肯定能，别瞎想！”

父亲在医院里陪了他整整五天，吃的馒头咸菜，睡觉就趴在他的病床边。他稍微有些动静，父亲便急忙起身查看他的情况。最终，他痊愈回家，但身体的抵抗力却不如从前。于是，父亲决定，每周至少要给他吃两个鸡蛋。

在那个物质相对匮乏的年代，父亲的这个决定，给家里增添了很多压力，况且还有他生病住院所欠下的外债。

好像所有的记忆都到这里忽然停止。尽管因为生病，他并不记得当时的许多事，但是从母亲的口中，他仍旧知道了事件的始末。那时的他，一度觉得父亲如崇山般伟大。他也在心底呐喊：等以后长大了，一定要让父亲过上好日子。因为父亲是他一辈子的、无可替代的财富。

可最后的一面，因为他的虚荣、他的“颜面”，而留下了无尽的遗憾。

哭得累了，他趴在父亲的棺木旁，就像父亲曾经趴在他床边那样……

未开出的“贫困证明”

● 王世虎

那年夏天，我以优异的成绩考上了省城一所重点大学。收到录取通知书那天，全家人都很高兴，父亲邀请了一大帮亲戚朋友来家里作客。饭桌上，长辈们纷纷夸我有出息，考上大学光宗耀祖，并羡慕父母有福气，生了我这么个争气的好儿子。父亲和母亲的嘴笑得都未合拢过。

觥筹交错中，我却显得闷闷不乐，一想到上大学那昂贵的学费，就担心不已。父母都是老实巴交的农民，一家人所有的开支全靠那三亩多地，就算他们再拼命，也只是杯水车薪，况且，家里还有一个上初中的妹妹。

谈笑间，一个城里的本家叔叔给父亲支了个招。他说，现在国家出台了很多惠民政策，可以去民政局开张“贫困证明”，能减免学费呢。亲戚朋友们都表示赞同，我也觉得这个办法不错。我们村本来就是省级贫困村，依照家里的情况，完全符合条件。

母亲一听可以减免学费，高兴地说："这敢情好啊，咱下午就去办！"父亲却只是淡淡一笑，没说答应，也没反对。

吃完饭，母亲便催促父亲去找村主任，因为申请"贫困证明"，先要由村委会开一张家庭收入证明。

直到晚上，父亲才红着脸回来。母亲生气地问道："咋这么晚才回来？事情办得怎么样了？"

父亲把手中的信笺一扬："主任得知孩子考上了大学，说这是好事，非要留我喝两杯。"

"瞧你那熊样！"母亲嗔怒道。但我们都很高兴，有了村里的证明，明天就可以直接去民政局申请"贫困证明"了。

第二日一大早，父亲便意气风发地踏上了去民政局的路。一上午，我和母亲就坐在村口的大槐树下翘首盼望着。快晌午时，父亲终于回来了，母亲忙迎上去问："办好了吗？"

父亲摇摇头，无奈地说："办事的人今天不在。"

听完父亲的话，我一脸失落。母亲笑："没事儿，咱明天再去。"

第二次去，父亲回来时依旧两手空空，说民政局的人去市里开会了。"他们的事咋这么多啊！"我不免牢骚满腹。母亲忙宽慰我："别急。咱求人办事，可不就得耐着性子！"

可接下来的一个多月，父亲一连去民政局了好多次，都没有开成"贫困证明"。不是办事员外出了，就是在开会，或者说村里开的证明不规范。但父亲按照他们的要求重新去村委会开了证明后，还是因为各种原因迟迟办理不下来。

眼看着离开学的日子越来越近，我有些急了，难不成民政局的人故意为难父亲？我忽然想起在镇中学当老师的小姨来，她见多识广，说不定可以帮上什么忙。

听了我的来意，小姨惊讶地说："'贫困证明'早开好了啊，还是我陪你爸一起去的民政局呢？"我愣住了，这怎么可能呢，父亲亲口说没办好啊？

回到家，躺在床上，想起小姨的话，我怎么也睡不着。证明早就开好了，可父亲为何要骗我呢？我决定翌日早上起床后向父亲问个清楚。

半夜，我去上厕所。经过父母房间时忽然听见里面有谈话声。这么晚了他们怎么还没睡？我好奇地走上前，把耳朵贴在了门上。

母亲："哎，问你个事，你得说实话！"

父亲："啥？"

母亲："我今天遇见村主任，他说'贫困证明'早就开好了，你为啥要骗我们娘儿俩？"

父亲："我本来就没想过要申请那玩意儿，都是你在那里瞎咋呼！"

母亲："为什么？凭这可以减免学费呢。"

父亲："你脑子生锈了啊，那能减多少？咱还年轻，钱可以挣，大不了苦点累点。你不知道，现在的大学生都喜欢攀比，我不想孩子因为自己的'身份'而有心理负担，在学校里被人看不起，让人笑话……"

听完父亲的话，我的鼻头顿时一酸。原来，父亲隐瞒这一切，只是想让我在学校里生活得更有尊严！

去大学报道那天，父亲塞给我六千块钱，笑着说："儿子，到学校后好好学习，家里你别操心。"而后又羞愧道："'贫困证明'的事，爸没办好，你别放心上啊！"

火车启动的刹那，我的眼泪还是不争气地流了下来。扭过头，父亲还站在原地向我挥手，我的心里忽然暖暖的。是啊，虽然没有"贫困证明"，但父亲却以自己的勤劳、善良、质朴和实际行动让我明白：其实，我并不贫困，我的手里，正握着一笔巨大的人生财富，这就是父母那无私的爱和鼓励啊！这笔财富，取之不尽，源源不断，并将永远伴随我前行。

第四辑

保护合理利益，别因不好意思受损

丢下一份面子，减少一分负累

●蔡践

人，最累莫过于心累。心累之源，莫过于一份面子。

在纷繁复杂、光怪陆离的社会中，不少人把面子看作是最大的自尊，以致不知不觉地会突破一些常人难以理解的底线。在感性胜于理性的思维中，宁可荒唐地受罪，也不想面子的形象受损。把面子当作是提高身价的支柱，光鲜于世的荣耀，以及一切行动的目的和归宿。为了一份并不值钱的面子，不惜扛起内心沉重的负荷，蹒跚于无人知晓的艰难路径中。

其实，这份面子所折射的恰恰是那内心怕人瞧不起的恐惧与自卑。

郭冬临演的一个小品《有事您说话》就是生动的反映。小品中的男主人公，内心寥落，虚妄自尊，唯恐会受到别人的轻视。为了表现自己超于常人的本事与能量，就满口大话，吹嘘连天，自诩自己人脉广、门路多，哪怕再紧张，买火车票也是易如反掌。当别人托他买票时，却只好硬着头皮在黑暗的夜空里排长队于购票的人群中。任凛冽的寒风肆虐，冻得青头紫面，狼狈不堪。

一份虚假的面子，一种虚妄的自尊，竟如此折腾人！

当一个人的心被伪自尊笼罩时，人性的弱点也就浮出水面，在不好意思的心理中惝恍迷离，沉浮碰撞。窝囊的是自己，吃亏的是自己，荒唐中受折磨的也是自己。

翻开内心的封页，生活中的碎片，常叫人摇头无奈。曾几何时，每当夜晚入梦的时候，我也一度在不好意思的回味中辗转反侧，在这层昏暝薄暗的面纱披拂中懊恼与纠结。

两年前的一天，小王打来电话，说是手头拮据，遇到困难，妻子正在和他怄气“火并”。

“大哥，请帮个忙，借 20000 元给我。”

“我手头也不宽松。”我回答道。

“帮个忙，下周就有钱了，一定还给你。妻子正和我吵架呢，你听听。”

……

以前跟小王虽有一些事务上的往来，但并没有金钱的牵扯，对其性格也不算了解。乍听说借钱，第一反应就是拒绝，可对方几声“大哥”一叫，加上耳边诚恳的求助及归还计划，一下子倒叫我不好意思了。

记得那是一个淫雨霏霏的下午，我冒雨找到一台柜员机，按指定卡号把钱汇出了。

一周，二周，一月，二月，一年，二年……多次催要无果。义愤填膺又能如何？劝慰自己，吃一堑，长一智吧。

有一次，对方电话意外地打了过来，我利落地按下接听键，以为准是还钱的，不承想竟又是种种原委的借钱。

真想不通，当圣洁的诚信底线被玩世不恭地践踏揉碎后，怎么还有勇气吐露不该有的要求。抑或是以为还能抓住我不好意思的个性弱点吧。其实，我也不傻，在吃亏中自然会幡然醒悟。

古希腊哲学家赫拉克利特说："人不能两次踏进同一条河流。"是的，我们总要在生活中获得感悟，在吃亏中学会成熟。有时候，在拒绝面前，人不能做一棵稚嫩的含羞草。

虽说"吃亏是福"，但客观地说，有些亏可以吃，有些亏可以受，但未必所有的亏都照盘全收。尤其对于一些人想利用你性格的弱点，来钻这个缝隙时，拒绝不失为上策，既能保护自己的利益，也能向对方狡诈的内心敲一个响亮的警钟，不至于放任这种猥琐的心理泛滥。否则肯定会麻烦不断，苦不堪言。

总之，现实中，所编织的假话往往比真话华丽得多。为此，对于生活中某些人的要求，不必苦苦地煎熬自己的内心，也不必因不好意思的拒绝而扭扭捏捏。

左右为难

● 于海游

一位亲戚做生意向我拆借两万块钱，我手头还真有可以支配的两万块钱。但是，我顾虑重重，这两万块借了亲戚，我手中就没得花了，如果遇到非要拿钱去解决的事情我一定会抓瞎，到时我去哪里拆借呢？和那位亲戚索要吧，他一定会埋怨我不够意思，弄不好会反目成仇。我沉吟了一会儿，委婉地向他解释，说："您遇到了困难，理应倾力相助。可是，真的不好意思，我手中没有那么多钱。这样吧，我借您一万块，剩下的您再想想办法吧。"亲戚狐疑地上下打量了我一下，说："不会吧？我琢磨来琢磨去你应该有这个能力啊！你不要害怕，我不久一定会还你的！"

我有些尴尬，继续和他解释："我只能给您这么多，您要是借个三千五千的我马上给您去拿，答应借您一万，我还没有现钱，只能去银行支取。"

那位亲戚马上拉下脸来，说：“一万块钱根本解决不了事情，剩下的一万我去哪儿找？我不借了。”说完扭头就走。

我很无奈，其实，在我力所能及的范围内，我真的想帮他。

那件事在我心上搁了很久，像一块石头压得我心慌。上周，一位朋友准备装修自己住的房子，想在他家附近一个单位找一间房子临时居住，等家里装修完再搬回去。可是，要租住那个单位的房子，需要有该单位的人引荐才能入住。

他认为我认识的人多，就打电话求我，让我给找找人。我思来想去那个单位还真有一个多年前认识的朋友，我就答应下来。有了第一回那位借钱亲戚的教训，这回我变乖了，我要尽最大力量帮助朋友，让他对我说不出什么。我立马打电话给那个单位的朋友，说明情况后，谁知我那个朋友已经内退，回山东老家了。

内退的朋友是帮不上我的忙了，可是，答应了装修朋友的，我就要帮人家。我咬咬牙，自己鼓励自己，加把劲，才多大的事啊！我打听来打听去，听说我们科长和那个单位的一个什么人来往密切，就告诉我那个朋友，说：“我认识的人退休了，但是，我还会尽力帮忙的。我们科长认识那个单位的一个人。我去找科长！”朋友满怀希望地等着。

晚上，我趁科长有空，自掏腰包请科长喝了一顿酒，科长满口答应帮忙。可是，一周都过去了，我连科长的影子都没摸着。我实在忍不住了，就打电话给科长，他恍然大悟地说：“嗨！这事！我给忘了。不好意思啊，我马上联系。”不一会儿他回电话，说：“我想了一下，我认识的那个人没啥地位，恐怕帮不上这个忙。”

我听了，就像泄了气的皮球。

朋友打来电话，问我事儿办得怎么样了。我无言以对。朋友气愤地说：“办不了早说啊！逞什么大尾巴鹰啊！”

我听得出来朋友对我的恼怒。他看重的是结果，我想，我越解释，他越会对我误会。

这两件事情我到底哪里错了呢？弄得头都炸了，我想不出个所以然。总之，这种事情办好办不好，都会左右为难。

推荐自己的亲人，没什么不好意思

• 林玉椿

世界广西同乡联谊会是广西籍华侨华人在海外最大的社团组织，成员遍布全球各地，尤其在东南亚地区影响力颇大。

第 16 届世界广西同乡联谊会代表大会在泰国首都曼谷举行时，我作为广西政协代表团的成员之一有幸参加了这次盛会。此次大会备受关注，有 400 多名来自世界各地的广西籍代表参加。时任泰国副总理蓬贴•贴干乍那、中国驻泰大使宁赋魁、泰国中华总商会主席刘锦庭等政商界要人出席了有关活动。

毫无疑问，新当选联谊会主席的李铭如女士及其家人的表现始终是大家关注的焦点。李铭如的丈夫饶培中先生是泰国著名的实业家，也曾经是泰国侨领，社会知名度很高；受丈夫的影响，李铭如一直热心于社团工作，担任泰国广西总会主席，这次被推举为联谊会主席，也是众望所归。

我留意到，在李铭如一家，以前是丈夫推荐夫人，这次活动则是母亲有意推荐女儿。李铭如的爱女饶美临大约三十多岁，年轻漂亮，大方得体，聪明能干，之前已在李铭如的培养下，担任泰国广西总会副主席。此次大会的筹备、召开，饶美临皆全程参与。

会前，众嘉宾在休息区域小坐，身穿橘红色正装的李铭如携同穿着同样正装的爱女饶美临，款款走向各位嘉宾，热情地与众嘉宾一一寒暄，并且隆重介绍："这位是饶美临小姐，担任泰国广西总会副主席，在这次大会活动中作为我的助手，日日夜夜，加班加点，做出了很大贡献。她的工作能力很强，会务工作组织协调得很到位，非常难能可贵。"但绝口不提这是她的女儿——显然，在正式场合推荐女儿时，她采用的是"正式介绍"的方式，显得公私分明。

在接下来的大会致辞中，李铭如说得最多的词就是"感谢"二字，其中也包括了对"饶美临小姐"的感谢，并对她这些日子为大会的辛苦付出作了积极评价。

在潮州会馆举行晚宴的时候，李铭如带着爱女一桌一桌地向大家敬酒，仍然是郑重地介绍饶美临的职务，夸赞她的能力，但并没有一句"这是我的爱女，希望以后大家多多关照"之类的话。

晚宴过后，举行了庆祝晚会。晚会规模盛大，不但有出席大会的人员，还有泰中官员、侨领、嘉宾及他们的家人近千人参加，泰国时任副总理蓬贴·贴干乍那亲临现场并发表讲话。李铭如把这个最重要的机会留给了自己的女儿。她让饶美临与另外一位男士作搭档主持，不过唱主角的仍然是饶美临。在晚会致辞中，她极力称赞“饶美临小姐”年轻有为、热心会务，有很强的工作能力和奉献精神。

事实上，饶美临确实不负众望，不但选的节目精彩纷呈，而且将晚会主持得气氛活跃、温馨感人，得到了大家的充分肯定和高度评价。

李铭如利用各种场合、各种机会极力向大家推荐女儿，但自始至终她都没有提到她们之间的关系。一方面，她让女儿积极参与到会务工作中来，用结果证明能力；另一方面，她主动向大家介绍女儿的工作能力和工作成果，以此来吸引大家对女儿的关注。这种推荐方式体现了为人处世的智慧，体现与人交际的艺术，不但没有引起他人的反感，反而会令人对她既重视工作、公私分明，又用心培养下一代、重视家庭团结和睦的精神感到钦佩。

祁黄羊“内举不避亲，外举不避怨”，得到了孔子的称赞。可是当前在国内，“内举不避亲”的人很多，但这些有所成就的父母，他们推荐的往往不是子女的能力，而是子女的“身份”，希望子女以后能得到“关照”，结果导致很多“富二代”“官二代”沉浸在“大树底下好乘凉”的优越感中，不思进取，难以成器，甚至沉沦堕落。

重视亲人，推荐亲人，没什么不好意思，这是出自对亲人的欣赏、钦佩，这种互相欣赏、互相钦佩的生活态度是家庭团结和睦的重要保证，也是助推对方事业成功的重要动力。但是，在正式场合推荐中，大家就不应该再是亲人关系，而应该是与所有人一样的平等关系。

会下蛋，也要会“歌蛋”

●裴瑞英

芦花 A、芦花 B、芦花 C，是奶奶喂养的三只母鸡。

每天上午，勤劳的芦花 A，端坐在鸡窝里柔软的麦草上，憋得吭吭地生产。使尽浑身气力，咕噜，一枚雪白的蛋从屁股滚出来。芦花 A 激动万分地跳出鸡窝，“个个蛋”“个个蛋”……一声连一声，上气不接下气地喊起来。嗓门高亮，半个村子都听得真切。这既是平安生产的捷报，又是一曲凯歌，她怎能不唱得嘹亮呢？奶奶笑盈盈闻讯走来，踮着小脚直奔鸡窝，喜滋滋地捡起这枚温热的蛋，随手奖励芦花 A 一把玉米或者麦麸。芦花 A 小脸红扑扑的，笼着几分得宠的娇羞。它伸长脖子，安享月子膳食。鸡和主人都得到实惠，皆大欢喜。

会下蛋，也要会“歌蛋”。在鸡界，母鸡做到这两点，便是聪明的幸福鸡。

不信？你看看芦花 B。

芦花B崇尚务实，它认为下蛋是鸡的本分，“歌蛋”是不谦虚的表现。所以她很不好意思“歌蛋”。只埋头下蛋，悄无声息地下，闷着嘴一声不吭。奶奶听不见它的汇报，着急啊！大清早，老人家跟个妇科大夫似的，一把抓住正在沉睡的芦花B，探指肛内，摸清腹内有蛋与否。芦花B疼得直哆嗦。

如果芦花B有蛋，奶奶就等待它生产。等呀等，一群老街坊来串门，老太太们嘎嘎地说笑半晌，奶奶把芦花B下蛋的事忘了个干净。

天擦黑，奶奶猛然想起这茬，匆匆去鸡窝一瞅，亲娘呀，只剩个扁扁的鸡蛋皮——老鼠早嗑了鸡蛋。有时不见蛋迹，不用说，黄鼠狼拉走了。奶奶气哼哼一脚踢过去，骂，你这闷嘴子鸡，我叫你嘴懒！我叫你嘴懒！芦花B劳而无功，欲哭无泪，久而久之，得了抑郁症，跳井身亡。

那芦花C呢，见天不下蛋，只会咧着嘴“歌蛋”。“个个蛋”“个个蛋”……叫得欢实。取蛋的奶奶乘兴而去，败兴而归，屡屡空手回。芦花C谎报蛋情，专搞浮夸风。麦麸吃了不少，只不过是个造粪机器。不消十天半月，奶奶怒从胆边生，手起刀落，芦花C身首异处，成了盘里一道肉菜。

奶奶不可能让嘴勤屁股懒的芦花C，凭白占用资源，浪费粮食。

芸芸众生，大多数混迹于职场里讨生活，职场里芦花B、芦花C般的奇葩，不乏其人。

有的人，埋头苦干，硕果丰盈，却谦虚谨慎地隐于陋室，束之高阁，不好意思“显摆”，好像生怕伯乐爷爷看见了似的。直待时过境迁，成果或功绩变成一文不值的垃圾，才悔之晚矣，痛恨自己只下蛋不“歌蛋”。在这个发展迅猛、日新月异的时代，谁都容易被忽略。我们深信“人在做天在看”，诚然不错，可是也不妨偶尔做做毛遂，弄个动静，让你的老板知道你的战绩。也许，还能得到老板那惊鸿一瞥的赏识目光。如此，你的功劳可得到认可和回报，你的老板也落个踏实。

当然，如果你不是金星、周立波，靠脱口秀混日子，就千万别以“歌蛋”为常态。大事做不来，小事不愿做，却嗜好夸夸其谈。蛋下不出来一个，叫唤得惹人心烦。除非在你父母的地盘，否则到哪儿都没你的立足之地。先学会下蛋，再“歌蛋”也不迟，面壁常思芦花C。

各司其职，做好本职，干出业绩。抓住稍纵即逝的机会，适时适度地宣传推销自己。如此，在职场，在江湖，基本能游刃有余。假以时日，便可佼佼不群，脱颖而出。成为人中龙凤，则为时不远矣。

借钱容易要钱难

● 少恒

说起不好意思，不由地想起白居易《琵琶行》中的诗句：

移船相近邀相见，添酒回灯重开宴。

千呼万唤始出来，犹抱琵琶半遮面。

诗人笔下的琵琶女羞羞答答、不好意思的形象，在一种朦胧与含蓄的意境中呈现。似乎不好意思在自然中多了几分腼腆之美，而并没有什么沉重之意。

可换一个角度稍加分析，人的不好意思之个性，就没那么心旌摇荡的轻松了，而是凝重、恐怖，甚至是极其的凝重、恐怖。因为不好意思，头一晕，脑一涨，就会九曲回肠地绕很大弯，纠很多结，甚至让你一辈子彻底输个精光。

中国历史上的一代霸王项羽，无颜见江东父老而自刎乌江，不免令人深思。

项羽和刘邦为争夺帝位，进行了数年战争，史称“楚汉相争”。最终项羽由强转弱，被汉军包围于垓下，孤立无援，四面楚歌。项羽带领八百人马拼命突出重围，跑到乌江江畔，这时乌江亭长前来接应，一心要救项羽过江。并对项羽说，现在江面之上，只有臣这一只小船，请大王立即上船，汉军是无论如何追不过江的。江东虽小，地方千里，数十万人，完全可以在那里重整旗鼓，再就霸业。可项羽却拒绝了。他说：“我起初带领江东的八千子弟渡过乌江向西挺进，现在无人生还。即使江东的父老兄弟有心拥我为王，我又有什么脸面去见他们？”于是拔剑自刎而亡。从一定程度上讲，不能不说是一个性格悲剧——面子。

晚唐著名诗人杜牧在《题乌江亭》诗中便写道：

胜败兵家事不期，包羞忍耻是男儿。

江东子弟多才俊，卷土重来未可知。

诗中惋惜之意跃然纸上。尽管项羽死得慷慨壮烈，并为后人反复吟唱，但一代霸王在尚有一线生机的情况下，因不好意思而了却一生、输却一生，不禁让人扼腕叹息。

由不好意思的害处，转到生活中常见的借钱来说，除了自身的感受，我也似乎到处会听到别人的纠结与抱怨之声。

那种古往今来民间十分常见的“死要面子活受罪”的情形，在时间的长河里，形成了一句至理名言，并以一桩又一桩的翻版而印证。的确，借钱容易，要钱遭罪，长吁短叹，又能奈何！

当今耳边非常流行和熟悉的一句话，叫：“借钱的是大爷，要钱的是孙子。”通俗地说，就是债权人成为“孙子”，债务人却成了“大爷”，这个糊涂的逻辑关系很值得我们回味。

按照常理，债权人把钱借给对方，帮助其解决困难和燃眉之急，债务人应该感谢、感激；债务人是求债权人帮忙，债权人应该成为“大爷”才对，而人们为什么会说债权人成为“孙子”呢？

问题就在于借钱后的归还问题上，在借钱的时候，需要借钱的一方言之切切，诚恳万分，甚至要把心掏出来给你看，但是当把钱借到手后，有些人转脸就忘记了承诺，忘记了信誉的立身之要。

债务人迟迟不能归还，而债权人却始终没有办法，一方面也许由于面子问题无法开口要；另一方面债权人即使去催要，债务人也借口百出，迟迟不还。甚至有时候当债权人要钱要得急了，债务人会做出无赖的样子，“要钱没有，要命一条”等。因此在民间便有了“借钱的是大爷，要钱的是孙子”的说法。真是让人哭笑不得。

听身边的一个同事说：前年5月，他一位朋友说急需用钱，借一万五，心想既然人家张口了，并说一个月就还，便将仅有的一点积蓄借了。

去年他媳妇下岗，想筹点钱做生意，打电话给对方，对方却说最近手头紧，缓缓吧。没办法，只得说好吧。

过了一段时间，又打了N次电话，开始还满口答应着要还，后来干脆连电话都不接了！结果，这钱至今也没有要到。

你虽然着急，又能怎样？

俗话说“好借好还，再借不难”，恪守这种信誉的人当然有。但现实中，被演绎为悖论的例子实在不少，即好借不还。任凭你如何，就是死猪不怕开水烫。变成借钱的是大爷，要钱的是孙子。

所以，我们真的没必要被面子或不好意思的心理所捆绑得结结实实，透不过气。

客观地讲，朋友之间能够互相帮助，分享美好与幸福，这是应该的。但是，尽量不要与金钱扯上关系，所谓：“君子之交淡如水。”就是说朋友之间的交情应该如清淡的水一样永不变味，不应有金钱的搅和。一旦混杂了金钱因素，问题就会变得复杂起来，而且彼此之间原本良好的关系很容易受到损伤。

难怪莎士比亚说：“不要向别人借钱，向别人借钱将使你丢弃节俭的习惯。更不要借钱给别人，你不仅可能失去本金，也可能失去朋友。”

楼上楼下

●魈　鸣

楼上新搬来了一对年轻夫妇。一到晚上，就吆五喝六地喊来一帮人不停地搓麻将，桌椅在地上拖去拖来，敲得楼板“咚咚”直响，搞得楼下我们一家人心里直发麻。

几次我欲上楼同他们理论，可都被妻子给拦住了。妻子说：“这楼上楼下的，你这气冲冲地去，闹僵了关系，今后还怎么相处啊！还是先忍忍，再慢慢来想办法解决吧！”

我见妻子这样，心想，你说忍那就忍吧！只要你们受得住，我一个大男人还不好说？可后来孩子要中考了，楼上的麻将场天天照开不误，吵得孩子无法安静地复习功课。

眼看着孩子一天天变得烦躁，终于有一天，在他们又将楼板敲得震天响的时候，我不顾妻子的劝阻，气冲冲地寻上楼去，同他们理论了起来。

哪料这一理论，竟一下捅了“马蜂窝”。那女主人一句话，差点没把我这个大男人给噎死："我在我家里打我的麻将，你不安宁与我有何相干？你要想图安静，你去住别墅呀！"

结果，没交涉之前还只是晚上打麻将时，桌椅敲得楼板"咚咚"响，交涉过后是每天吃饭的时候，桌椅也便跟着如六月天打雷"隆隆"作响起来。以致后来孩子晚上做功课时，都不得不戴上一副耳塞子。

真是应了那句"秀才遇到兵，有理说不清"！每次回家，听到楼上楼板"咚咚"一响，我就气得在心里直骂娘。

妻子倒好，一副"和事佬"的面孔，说："你气个什么呀？这事你莫管。让我慢慢来找机会解决！"可结果是解决问题的机会还没让我们遇着，因它引出的一个大麻烦倒是先让我们给遇着了。

那天，我下班回来，见家里来了一位素不相识的乡下老大娘，很是纳闷。妻子不好意思地一笑说，那是她的一位老乡，因心脏有问题，来城里找女儿带她去看病，不想女儿家没人，刚好碰见了妻子，就把她带到家里来了。我想，既然是妻子老家来的客人，来城里一趟挺不容易的，那就留下来一块吃顿饭吧！

妻子在厨房一阵忙活之后，一桌丰盛的饭菜就摆上了饭桌。

老大娘端着碗和我们有说有笑，正在兴头上，突然，楼板发出闷雷般的一阵轰响，吓得老大娘一个激灵，手中的碗一抖，“砰”地一声就掉在了地上，随即双手扪胸，犹如一团面团一下就瘫软在了椅子上……好在妻子是学医出身，一见这阵势，就知道是心脏病犯了，便赶忙掐住老大娘的人中，又是抹胸，又是捶背，好不容易才让老大娘缓过气来。

我也跟着吓得出了一身冷汗，气得不行，拉开门就径直冲上楼去，站在那年轻夫妇门口就吼叫了起来：“你们两个讲点社会公德行不行？移动一下桌椅整得像打雷似的，把我家来的客人心脏病都给震犯了！我跟你们说，要是我家客人有个三长两短，小心我跟你们没完！”楼上的夫妇一听，拉开门居然阴阳怪气地说：“嗬！还心脏病都震犯了！震犯了也是活该！谁叫她这么胆小啊。”

“你……你……”我指着他们，竟气得说不出话来，也没注意什么时候那老大娘拄着拐杖和妻子来到了我身后。还未等我弄明白是怎么回事，那老大娘抡起拐杖，一下敲在了那年轻女主人的头上。只听得那年轻女主人捂着脑袋，惊恐地大叫了一声：“妈！”……

原来，那老大娘根本就不是妻子的什么老乡，而是楼上那女主人的亲娘。那老大娘在乡下被检查出患有心脏病，便专程来城里找女儿带她去治疗，不料楼上一家一个人都不在，只好独自一人坐在楼梯上扪着胸口干等。屋外冷风冽冽，轮休在家的妻子有些看不过，便热情邀请那老大娘来到了家里。可将“冤家”的亲娘邀请到了家里，又怕我心里面过不去，便只好对我撒了个谎。

本来，妻子热情照料老大娘，并竭力挽留老大娘在家吃饭，是想请老大娘从中做一做工作，借此来感化一下楼上的年轻夫妇，哪料，那年轻夫妇自己作的“孽”，竟一下“报应”到了自己的老娘身上。

没想到经这一闹，晚上楼上那年轻夫妇在老大娘的带领下，居然到我家里来串门了。

老大娘一进门就气呼呼地将拐杖往地上一拄，冲着门外嚷道：“还愣着干什么？还不赶快进来给人家道歉？”那对平时跋扈惯了的年轻夫妇一见这阵势，一下就蔫了，很是不好意思地走进门来说：“大哥！大嫂！请原谅！以前都是我们不好……”妻子一见，赶忙拦住话头说道：“这楼上楼下的，道个什么歉啊？没事没事！今后注意点就行了。”

此后，一连几天，楼上果然安静了许多。倒是楼下我们一家被吵习惯了，猛的安静下来，竟然有点不自在了。

别让“不好意思”左右你的人生

●刘克勤

在这个性张扬的时代，有人“霸气十足”，不容你多说，沾边儿就一顿“扫射”，那副趾高气扬，让你无从靠近；也有这么一群人，他们有着相同的名字——“老好人”。这些人无论别人提出什么请求，都会哑然接受；不管自己怎样为难，都会躲在“盛情难却”中忍痛对自己说：“拒绝？真的说不出口啊！自己亏点就亏点吧，吃亏是福。”

其实，在我看来，拒绝，并没有那么难，其根源还是一种心理导向。这类老好人通常有一个共同的毛病，那就是习惯付出，而且一直傻傻地倾其所有。在他们看来，我这么“掏心掏肺”地对你，不求你感激，只求换来彼此肝胆相照。可以说，这类人太注重情义，却不知道有些“得便宜卖乖”之人，正在暗地里偷偷地叫他们“傻根儿”！

所以，你倾情付出时，一定要保持一个清醒的头脑，学会分辨“值与不值”。对于那些知道感恩的人，无论穷富，都值得你伸出热情的双手，尽管对你未必有所实质回报，但他们一定全心对你，没有什么弯弯绕绕。当然，这也正是你所要的。对那些不知感恩的人的请求，就要果断地拒绝，别让无聊之人的无理之事消耗你的精力和善良，别让“不好意思”束缚困扰、恶意左右你的人生。

小李是一个热心人，在单位遇见谁有困难都会积极帮助解决，工作也非常刻苦上进。后来，小李的部门准备在内部提拔经理一名，职位升了，薪水自然也会跟着上涨。经过一番选拔，有两个合格的候选人，一位是小李，另外一位则是小李曾经资助过的困难职工。那个人私下里偷偷找了小李很多次，表示自己现在的家庭条件虽有好转，但还是特别需要得到这个职位，希望小李能够帮帮他，就不要跟他竞争了。为了达到让小李弃权的目的，他百般恭维，并说小李还年轻，以后有的是机会，自己则比小李大几岁，如果错过了这次，恐怕就真的要与晋升无缘了。小李犹豫了很久，到底还是没好意思拒绝他，只好退出这次竞选。其实，在小李的心里，他又何尝不看重这次的机遇？但最终他还是没有说出口！

不懂拒绝，说到底，还是内心不够强大。一味地跟着别人的思维转，在乎面子，却常常是成全了别人，苦了自己。以为自己的付出和妥协都能得到回报，可结果却恰恰相反。其实敢于拒绝不单单是一种能力，更是一种技巧。你要懂得如何正确地表达自己的想法，而不是傻傻地钻进别人给你设下的“感情圈套”。

我的一个大学同学，性格开朗，心地善良。走进大学的那一刻，脱离 “高中书海”的“妖儿”们，就像跳出潘多拉魔盒一样，很多人纷纷进入“恋爱大军”。有的人恋爱资金短缺时，张口向他借，他宁可自己拮据也不拒绝；谁有个大事小情动辄就是对他呼来唤去，可他每次都是笑脸相迎，立马就办。当然，那时间每每都会得到求助者嬉皮笑脸的一顿赞誉。不过，由于他不忍看他们拿着父母血汗钱而荒废学业，就常劝学，甚至挨个给“翘课”的同学打电话，无辜浪费话费，却没人感激他，反而嫌他“事儿妈”。

一次，他不解地问我：“看你帮别人，即使小事，也会得到千恩万谢，百般念好，而我为何却恰恰相反呢？”我诚恳地告诉他：合理地拒绝他人并不一定会得罪他，反而会使他有所反省。你越是事无巨细轻易应允，就越会被人看轻，甚至被视为理所当然。

碍于情面，担心得罪人，不好意思说“不”，强忍着心中的不快而应允照办，搞得自己疲惫不堪。这一切，尽管因为你的不好意思拒绝而取悦了别人，但最终受委屈的只会是你自己。更甚者，你帮了人家千百次，哪怕一次没办好，也会落得一身埋怨，遭受劈头盖脸的恶言怪语。

所以，别再因为拒绝别人而感到不安了，别再让“不好意思”左右你了，别再给他人得寸进尺的机会了！

第五辑

放下一份面子，你的心灵会轻松

如何认识一个人

●李良旭

电影《一九四二》最后有这样一个情节：翻过一个山坡，老东家范殿元看到一个小姑娘，小姑娘趴在死去的娘的身上大哭。

老东家劝慰道："妮儿，别哭了，身子都凉了。"

小姑娘说道："我不是哭我娘，而是哭我认识的人都死了，剩下的我都不认识了。"

一句话，让老东家百感交集，泪水汪汪。他哽咽道："妮儿，叫我一声爷，咱爷俩就算认识了。"

小姑娘仰起脸，亲切地喊了一声"爷！"

崎岖的山路上，哀鸿遍野，满目萧条。老东家和小姑娘互相搀扶着，渐行渐远……

影片结束了，但留在观众心中那份情感，却久久不能平静。一对素不相识的老人和孩子，就因为简单的一句称呼，就成为相依为命的爷孙。那渐行渐远凄凉的背影，令人感慨万千，柔肠寸断，但又给观众带来一丝慰藉和暖暖的希望。

导演冯小刚在出席这部影片的发行仪式上，对影片结尾部分的处理，他说了这么一句话：尘世间，如何认识一个人，其实很简单，只要你丢掉矜持，主动向陌生人招呼一声，你们就能从素不相识，成为惺惺相惜的朋友，甚至是亲人。但是，有时就那么一句简单的问候，却仿佛隔着千山万水，迢迢渺渺，错过了多少人生的妖娆和婆娑。

小时候，生性怯弱，看到生人就腼腆和害羞，大人在一旁不停地催促我喊人家一声，可我就是扭扭捏捏的，开不了口。母亲见了，目光中流露出一种深深的忧虑，她语重心长叮嘱道，孩子，鼻子下面有张嘴。这张嘴，除了吃饭，还是用来和人交流的。出门在外，你只要开口喊人家一声，人家就会帮助你、喜欢上你的。喊人一声，你不仅不会低人一等，反而显得懂事、有礼貌。不开口说话，人家永远是不会走近你的。

当我终于下定决心，勇敢地喊了陌生人一声：叔叔好！尽管那声音很细、很弱，用母亲当时的话说，就像是蚊子哼。没想到，陌生人听到喊声，立刻蹲下身子，亲切地抚摸着我的头，热情地和我说着话，还鼓励我、夸赞我。那一刻，我心里感到格外激动和甜蜜，脸上浮现出幸福的笑容。

渐渐地，我的胆子变大了，出门在外，不再感到害羞和胆怯，遇到困难和问题，能主动与陌生人说话。主动喊人一声，往往使我少走许多弯路，步子迈得也轻快起来。

上学了，老师在我成绩单评语中说得最多的一句话就是：上课能积极发言，能主动协助老师搞好班级工作，组织协调能力较强。

每每看到这样的评语，心里感到无比自豪和幸福，无形中，也给了我一种信心和力量。与人说话、交流，并不是一件十分困难的事，关键是看你能不能主动与人说话。走出第一步，后面就会呈现出一派春和景明、鸟语花香的景象。

大学毕业后，许多同学精心准备了大量的简历，到处散发、投递，希望用这种遍地撒网的方式，找到一份好工作。

我只准备了一份简单的简历，信步来到一家慕名已久的公司。我没有犹豫，没有彷徨，直接推开了公司总裁办公室的那扇门。

总裁对我一个陌生人贸然闯进了他的办公室，脸上流露出一些不悦。但他听了我的简单介绍，和我对公司的了解情况，以及对公司远景的展望后，脸上渐渐露出满意的笑容。

我的主动出击，不卑不亢地与他面对面地直接沟通、交流，很得总裁的欣赏，他当即就决定让我留下来。告别时，总裁站起身，热情地握着我的手，亲切地说道，你是第一个直接跨进我办公室推销自己的人，你大胆主动地与人交流，使我看到你身上潜藏的一种乐观、开朗和自信的精神，而这也正是一个企业发展所必不可少的精神。

就这样，在同学们还在四处无方向地大量投递简历时，我已精神抖擞地走上了工作岗位。由于我始终能热情、主动地与客户交流，业绩十分突出，人脉也渐渐积累起来了，很得总裁的赏识。半年后，我被任命为销售主管；一年后，我成为公司副总经理，成为公司最年轻的领导班子成员。

认识一个人，其实很简单，正如导演冯小刚所说的那样，只要克服不好意思和陌生人说话的羞怯，你们就能从素不相识，成为惺惺相惜的朋友，甚至是亲人。

谁不想被世界温柔相待

●闫荣霞

大提琴手小林大悟失业后当了入殓师。在接触到腐尸后，他承受到的冲击宛如黄钟大吕，惊涛拍岸，卷起千堆雪，令他不但跳到一家经营了几十年的老浴池里把自己泡了又泡，洗了又洗，回家后还必须靠依偎在妻子的身边，呼吸着带着体香的生命气息才能消解。妻子睡熟后，他悄悄拉响了在幼儿园时拉的大提琴，乐声响起，如同流水，将这个孤独的男人还原成一个孤独的孩子，对面坐着的，好像是他的父亲，但又不能确定，因为那个男人的脸，已经在记忆里模糊成一团难辨面目的影子——很早的时候，父亲就和别的女人私奔了，留下母亲郁郁而终。到现在小林只保留着一块父亲在河边拣来送给幼时自己的铁青色的大鹅卵石。

当佐佐木社长带着他跪坐在那些尸体旁边，用温柔的手细致地替死去的人做着一切，清洗、梳头、化妆，小林却被深深感动了。这份看起来冷冰冰的职业，在社长的手下有了非同一般的意义——它能“让已经冰冷的人重新焕发生机，给她永恒的美丽，这需要冷静、准确，并且要怀着温柔的感情。送别故人时的静谧，让所有的举动都变得如此美丽”。

不过这份工作毕竟不体面、不光彩，妻子得知真相后也离开了他。做，还是不做？这是一个问题。

他已经初窥堂奥，知晓了这份职业的尊荣与宁谧，但又舍弃不了温柔贤淑的妻子，终于下定决心向社长辞职。佐佐木请小林坐下，给了他一块河豚鱼白，然后有了如下那段经典对白：

“好吃吧？”

“好吃。”

“好吃吧？”

“好吃得让人为难。”

一句话一语双关，这份职业也好得让人为难。

所幸，妻子又回到他的身边，亲眼看见他给猝死的澡堂老板娘做的一系列工作后，也不再反对他从事这个职业。然后，他收到了父亲的死讯。

这个男人，小林已经忘记了他的模样，只记得对他的满腹怨恨。现在，他以儿子和入殓师的双重身份，跪在他的面前，看着他胡子拉碴，落魄潦倒，心里说不清什么感觉。他一点点温柔地给他清洗、剃须、着装，让这个已经在记忆里面目模糊的人重新清晰再现。眼泪像滴珍珠，将坠未坠。然后，掰开父亲紧攥着的手，啪嗒，掉下一枚鹅卵石，小如鸽蛋，是当初和那枚大的铁青色鹅卵石的交换，父亲的给了儿子，儿子的给了父亲。原来，自己以为的父亲对自己的抛弃和遗忘，根本不是那么回事。自己一直存在于父亲的心里——他伤心得不能自已。

他把这枚鹅卵石放在妻子的手里，连同他送给妻子的那一枚，合在一起，放在妻子的肚子上，那里面，孕育着一个小生命。已经去世的，正在人间的，还未出生的，三代人，就这样奇妙地达成了接纳和和解，感情画了一个完美的圆。

这部日本电影《入殓师》获第81届奥斯卡最佳外语片奖。整部影片以独特的视角，拨动了人类美好的天性之弦。在这部影片里，死亡就是这样的美好，美好得让人落泪。

那位想变性不成最后自杀的小男生，小林将他化妆成一个美丽的女孩子，眉目温柔，红唇娇艳，躺在那里，宛然如生；那位坚持开了几十年浴室，坚持用木柴烧水，总是操劳不停、头发蓬乱的老人，小林将她化妆得头发滑腻柔软，闭目而睡，好像只是因为劳累，想要小憩一会儿……这些逝去的人，本已经褪去了血色的容颜，在入殓师的精心描画下，又重新变得栩栩如生起来。

是的，栩栩如生。栩，是蝴蝶扇动翅膀的样子吧。每个人都如蝶，在花海里扇动翅膀，寻找自己的芬芳。他或她离世的那一刻，亲人，甚至整个世界最大的愿望，不过就是让他仍然如蝶一般开放，仿似将要启程飞向另一个世界，寻找独属于他的芬芳。这样一想，死亡就不会太悲伤。

谁不希望被这个世界温柔相待？而这，也是这部电影要告诉我们的东西。所谓的人文关怀，通常会让人觉得大而无当，其实它无非就是在说，生亦有尊严，死亦有尊严，生需要温柔相待，死，亦需要温柔相待。世界上无论任何职业，总有理由存在，堂堂正正去做，无须不好意思。

心境如莲美好

● 李怀春

喜欢莲，并不是因为周敦颐的《爱莲说》，而是发自内心地喜欢它那香远益清、出淤泥而不染的品性。

随着年龄的增长，我慢慢地感觉到，我需要追求另一种生活了。在部队我是搞新闻工作的，兵改工后，我回地方当了多年的办公室主任，后又调任一个单位当了领导。每天忙忙碌碌，心身都感到疲惫。

就在我身心俱累时，朋友把我拉进了摄影群，并帮我买了一部相机。从此，我的世界，通过那些美景，变得豁然开朗，迥然不同。

市里举办摄影展，朋友给了我两张门票，千叮咛万嘱咐要我一起去看看，能提升审美能力，提高摄影技能。朋友特意介绍，说摄影展上展出的都是大摄影家的作品。四妹不知什么时候来到我家，她听见了我们的谈话，进门就说：“我就是个摄影家，你们要不要看看我的摄影作品呀？”

我们以为她开玩笑，没想到她真的贴上许多照片来，令我们意想不到的是，都是些木头的，横截面很是形象，有小乌龟、犀牛、小猫、小狗，我们不禁拍手叫好！她说这都是她业余时间用手机照的。真没想到，那些没有生命的朽木，在四妹的镜头下都有了生命。

四妹原在烟酒公司工作，改革开放后，她们单位的生意越来越差，最后成了下岗工人。如今她在一个私营板材加工厂上班。四妹有两个孩子，一个在外地当兵，一个在外地上学。妹夫外出打工，多年不见踪影，全靠四妹一个人撑起这个家。为了多挣钱，她经常加班加点地工作。我们都说她，何必把自己弄得那么累，一点轻松快乐的时间都没有。

她说，我靠自己的力气挣钱养家，谁说我不快乐啊？四妹每天早起去10公里外的板材厂打工，休息时间，她就拿着手机四处溜达着拍点有意思的照片。为此，也引来了一些闲话：“家里都穷成那样了，竟然还有心思拍照”“搁我我可不好意思，咱一老百姓，哪懂得这些玩意儿”……放着别人，对着这些指点，面子上早就过意不去，要鸣金收兵了。但她却愣是不在意，还说：“随他们说去，这有什么的。”对于四妹的“不要面子”，我心中还是很佩服的。

看了四妹的作品，我心中既激动又内疚，深感对四妹的了解和帮助太少。四妹的作品拍得虽然还显稚嫩，但她选材好，立意深刻，构图美，有艺术细胞。最难得的是她在困窘的生活里还保持着一颗纯净的、发现美的心。

我兴奋地跑进卧室，从衣架上摘下我的摄影包交给了妹妹。“这部相机是你的了，你用它学照相吧！照出精彩，照出美好来。”我充满期待地说。

摄影展那天，我邀四妹一起去看。朋友见了把我拉到一边，悄悄地硬塞给我 2000 元钱，说给妹妹添点摄影的装备。

望着朋友的背影，我不知如何是好。转过身来，看见四妹正神采飞扬地站在一幅作品前，我走近一看，是一幅安静、精美的《睡莲》。睡莲沐浴在月光下，花瓣紧闭，静静地睡在河塘里，意境优美，让人不舍移步。

而此时，安静凝望作品的四妹，多么恬静如莲啊！

人生在世，不如意的事情很多。如果我们都像四妹一样，不在乎世人的眼光，能于困顿的生活中发现美好，能有如莲的安宁和纯净，那么生活，也会如莲一样芳香美好。

写给读三流大学的弟弟

●安宁

弟弟，这一次你来，我骂了你，你很委屈，说毕业于名校的我，根本不理解你心底的苦痛和煎熬，你只不过是对所读的三流大学感到失望，我即刻就给你一通指责。可是，弟弟，你真的觉得，你所谓的愤怒和不公，与你自身毫无关系吗？难道一个三流的大学，真的如你所言，是一件暗淡羞耻的袍子，一旦穿上，就注定了你今生的挫败和凄惨吗？

弟弟，你有没有想过，你在入学后的半年里，究竟做了些什么？还没有入学，你就开始牢骚满腹的生活，每日除了上网打游戏就是看碟睡觉，而且连同学都不愿见，说见一次，就觉得低人一分。你把自己封闭起来，不准任何人提起你所就读的大学，似乎它像你簇新的衣服上，留下的难堪的印痕，让昂首走在人群里的你，瞬间矮下去。你从来没有主动去查过这所三类大学的历史，你宁肯搜索一些无聊的八卦新闻，也不愿将你大学的名字键入百度，随手查询一下，看一看这所年轻的大学，它有怎样的特色与风貌，它又究竟在哪些方面能够促你奋进，助你成功。

而你在稀里糊涂进入大学后，竟连所学专业老师的情况，都知之甚少。你在写给我的信里说，这些老师，不过也是不知名大学毕业的，课讲得枯燥，人看上去也呆，走出校门，混迹于那些气宇轩昂的名校老师们中间，一看就知道是三流大学出来的。你于是习惯于逃课，习惯于让别人替你答到，习惯于抱怨着一日日混下去。当半年的时光飞快逝去，我问你学到了什么东西，你竟茫然反问说，你觉得这样不入流的大学，能教人学到什么东西呢？不过是熬到毕业，拿一纸证书，跟在名牌大学毕业的同学后面，挣一口饭吃罢了。

吸烟，喝酒，看碟，上网，游戏，追女孩子，跟相邻名校的学生吵架——这就是你在半年里，为自己的大学生活所交的第一份试卷。你固然有你的理由，为这样的答案，做出你的解释。可是，弟弟，你为什么忘了，一所大学，它给予你的，不只是骄傲与荣光，亦有比这更重要的，那就是一种能够无畏迎战未来的心态，一种不管你毕业多少年后，依然会勇敢执着永不轻言放弃的信念。出身名门，不过是过眼烟云，因为没有人会从你的脸上，读到你的出身；但是，你的举手投足，却可以暴露你的寒酸空洞，亦能展示你的优雅学识。而后者，才是我们在一生里所要奋力追求的。

其实，只要足够细心，你就可以发现，你所读的大学，有许多值得称道的地方。古朴淡雅的建筑，是我第一眼就喜欢上的。我想象中，捧一本好书，随便找一个石凳，读到余晖洒满脚下的青砖小路，风也闲来温柔翻书，这该是多么美好惬意的事情。而那朴实善良的老师们，更是让我感动。你记不记得，去大学报到的第一天，你们学院的院长，看到我们满头来不及擦拭的汗水，即刻递过来一包纸巾和一瓶冰镇的可乐，憨厚一笑说："先坐下歇一歇，我马上让人来帮你们提行李。"这句话，我不知道是否在你的心里，留下过印记，但是，我却是清晰记着的。它犹如一湾清浅的小溪，瞬间让我感到丝丝的凉爽和让人回味无穷的甘甜。即便是你周围的同学，也并不像你所想象的那样全是与你无共同语言的差生。他们中也有许多人，是和你一样，在中学里叱咤风云，而后因为发挥失常，进入了这所大学。你所谓辉煌的过去，在这条起跑线上，已经失效。事实上，如果不看世俗的标准，你与所有大学的学生们一样，站在了同样的起跑线上；四年后，谁能成为最后的胜出者，其实，只取决于在这个过程里，谁付出了最多的汗水。

而那邻校的学生们，为什么也成了你生活不爽的缘由？你说，一墙之隔，便将人分出了高低贵贱，你甚至去他们学校听一场报告时，都觉得别人在拿不屑的眼光看你。可是，弟弟，你并没有戴上校徽，你所感到的难堪，其实全部来自于你自己的自卑——那种完全没有必要的可笑的自卑。你喜欢读史，那应该知道日本的崛起，正是因为他们品行里的谦卑和执拗。他们乐意接近那些比他们技高一筹的人，如此，方可将自己不具备的东西，悄然记下。即便在这其中，他们被人鄙视，遭人嘲笑。可是，正是当初那些嘲笑他们的人，而今，开始惊诧于日本的崛起。是的，在优秀的人面前，我们不需要自惭形秽，只要你有一颗聪慧的心，总有一天，你会感激命运，将如此多的对手和敌人，送到你的面前。

所以，弟弟，你唯一所要做的，就是停止抱怨与叹息，与那些名校的同学一样，快乐充实地面对四年的大学生活。你对生活唉声叹气，可是生活根本不认识你是谁，它只相信那些眼睛明亮心态阳光的孩子，当你一脸忧戚地走到它的面前，它永远不会像你所希望的那样，给你指路，为你导航。只有你昂头前行，将它远远地甩在身后的时候，它才会在某一天，欣喜地向你打招呼说，嗨，你好。

而这时，你将不会因为自己的出身感到不好意思，你甚至会忘记你的出身，只知道，你身后的大学，开始有了另一种美丽的光泽。那是你自己的魅力，只不过生活在其中，做了镜子，将那绚丽的光芒，折射到大学的身上。

想回家的时候，就去买票

●吉方

她执意要辞掉小城安稳的工作，为了一份并不明晰的爱情，去北京寻找梦想的时候，父亲跟她大发了脾气，且说，你这么自以为是，那有本事就在北京待一辈子，永远别再回来！她生性与父亲一样倔强，并不怯他，只淡淡丢下一字：好。

她到北京后的第一个星期，便开始后悔。但在母亲打电话来问的时候，却是强装了笑颜，给母亲撒谎，说，北京真好，处处繁华，与你擦肩而过的那个人，都有可能是电视里的明星呢。又说，爱情也好，我们在一起，从来不争吵，下班后牵手去吃必胜客、哈根达斯，他那么宠我，连工作都不肯让我太过辛苦。母亲在那端细细听着，突然插话说，要不要跟你爸说说，让他也陪你一起开心？她一下子怔住，但随即在一连串的咳嗽声里，匆匆说改天有空再聊吧，便挂断了电话。她知道这些谎言，骗得了母亲，却是瞒不过父亲。她在北京受的每一份苦，她被男友一次次埋怨工作不好时的委屈，她在公司里遭人恶意排挤又被上司骚扰……她没有保险，没有户口，唯一可以依靠的爱情，都是争吵不休。这样的苦楚，她不必开口，聪明的父亲便可以猜出。这个世界上，再也找不到第二个人，这样了解她了吧，她的一个眼神，便足够让他洞穿了她的心。所以，不管生活怎样地艰难，不管她一个人在静寂前行的地铁上，如何突然地泣不成声，哪怕她对北京万念俱灰，她也不愿让父亲看见她的脆弱和孤单。

一个月后，她的手机上，开始频繁地收到一个陌生号码发来的短信。有时候很长，是一些不知从哪儿摘抄来的励志性的文字；有时候很短，只说，照顾好自己。她想知道是谁，可回复过去后却又没了声息。终于有一天忍不住，拨过电话去，一阵短暂的沉默后，传来的，却是母亲的声音。她心内疑惑，便说，家里有座机，你们又不出门，要手机做什么？母亲言辞里竟是躲闪，没有给她答复，只是一遍遍问，你在北京好不好？跟男朋友不要太任性，要懂得忍让；记得有空的时候，发个短信；还有，不要再生你爸爸的气了，他其实在你走的第二天，就已经后悔……她微笑听着，以为自己能忍住，但还没有挂断电话，泪就流了满脸。这个同样固执地不肯说错的男人，他用短信告诉她每日北京的天气，告诉她要好好爱惜自己，告诉她要懂得对陌生人防备，可是，却唯独不肯对她说，孩子，你要累了，就回来吧。

而她，也同样这样执拗地坚持着。已换了四份工作，一次比一次糟糕，男友讥讽她说，难道你真是工作的克星，做一份，死一份？她听了不吱声，却终于看清楚，这段千里寻来的爱情，原来近了之后，便再没有昔日的美好与朦胧。一切的爱恋与不舍，原不过是自己一个人营造出来的，一旦遭遇琐碎的现实，便似那断了线的珍珠项链，哗一下散落满地。而如果爱情没有了，那么北京，于她，不过是一个不值得留恋的空城了吧。

可是，怎么能够这样轻易地就回去？当初来的时候，那样地斩钉截铁、骄傲不羁；而今一回，即便原来的单位依然会接纳她，做父亲的亦不会原谅她如此任性地来去吧。不肯低头，便只好在爱情慢慢枯萎的北京，一日日待下去。父亲的短信，依然在临睡前准时地发来。全是以母亲的语气，但她并不去揭穿，回复的时候，也极简单地只有一个面无表情的“好”字。她以为父亲为了当初那句无法收回也不愿收回的话，会一直纵容她的冷漠，隐忍自己心内的悲伤。直到有一次，父亲再一次发来问候的时候，她烦躁地丢过去一句：领导正请吃饭，无事勿扰。这句发过去，她的手机，立刻铃声大作。她当着领导的面，只好挂断。但铃声却像一个决意要吵到底的孩子，又执着地响起。她起身到阳台上去接，许久没有听见过的吼声，就这样突兀地传过来："你在北京还没有折腾够吗？！你流的那些泪，还不能将你的冲动、幼稚和所谓的尊严冲洗干净吗？你别以为躲得远远的，就再没有人看清你，永远别忘了，你是我的女儿，没有任何人比我更了解你！"

她安静地听父亲在那端吼，没有挂断电话，也没有任何的争辩。那一刻，她终于看清了自己要走的路。电话那端，何时换成了母亲，她都没有觉察。母亲柔声劝她，说，不要怪你爸爸，他其实和你承受了同样大的焦虑和压力，他早已知道，你在北京并不开心，否则以你的个性，早就将成绩拿出来向我们炫耀了。他为了你，买来手机，一点点地学会发短信；他还提了东西，去见你原来单位的领导，让他们答应不再招聘新人，将空缺的位置，依然留着给你；他让我每次把你说过的话，都要一字一句地重复给他听；孩子，你如果真的有心，为什么还不肯与他和好？

她在灯火通明的北京，终于写下一条短信，说，爸爸，我想家了。不过是一分钟，便收到了回复，写着：想回家的时候，就去买票，我们知道，回家的路，你还一直记着。

寒流已经袭来的北京，她感觉到的，却是千里之外，几乎被她的骄傲，错过了的温暖和柔情。

我要欣赏我自己

●安尚

大学毕业的时候，我拿了厚厚的简历奔波于各个大城市的招聘会。周围的同学皆佩服我，说像我这样毕业于不知名的地方师范学院的人，也就是回小县城或者乡镇上教个中学，大城市的学校，想都不敢想，更不用说像我一样勇敢去应聘了。这样的话，我只当耳旁风，照样一家家地去跑，一次次地经受着招聘人的不屑和白眼。

终于在其他同学都早早签了家乡中学的时候，北京一家中学的校长通知我去面试。校长看我进来，头也没抬便问："怎么没有听说过你们这个学校呢，是民办的吧。"我没有回答，只是反问道："贵校是要招聘老师还是招聘名牌大学的名号呢？"他显然吃了一惊，很认真地抬头打量了我一下，随后看着自信满满的我笑道："一个女孩子敢从东北闯到北京来，这边一定是有亲人吧？"我依然没有正面回答他的问题，而是说道："我不需要依靠别人的扶助，我只是欣赏我自己，相信我不比任何名牌大学的学生差，别人的褒或贬，我想对我个人，还有我的工作能力，并不会有什么样的影响。"

就是这样的一席话，终于让这个校长，点头通过了我。他将"出身"卑微的我，安排到最差的两个班级里去。这两个班的学生，都是近乎一点升学希望都没有的差生，而且他们也自暴自弃，上课的时候能趴在课桌上睡觉，已经是最好的表现了。带这个班的老师们，也都是应付了事，因为校长已经明确表示，只要让这些学生不出什么意外地毕业走出去，就 OK 了，至于成绩，就不计入工作业绩了。有了这样的话，学生再怎么捣乱，老师们皆听之任之，只尽心去带好自己的另一个好班。

我这样一个刚毕业的老师，且是非名牌大学毕业的，当然只有教两个差班的份。也就是说，不论我怎么努力，我都不会像其他一起来的同事一样，有可以拿来炫耀的工作成绩。有好心的同事，劝我去找校长，说不管怎样，带一个好班总是可以的吧，要不，何时才能熬出头？而我，却是什么也没说，只努力向最优秀的老师看齐。

困难当然是数不胜数。来自同事的同情和领导们的冷淡，就已让我孤单；而那些放纵不羁的学生，更是让我头疼。常常会有学生拿搞怪的问题问我，或是在我的课上，发短信、看小说、闲谈，甚至自由出入。我辛苦写的评语，他们看都不看。考试的时候，他们明目张胆地拿出书来抄。在路上遇到了我，他们不喊老师却是嘻嘻笑着高叫“美女”。有许多次，自己被他们气得哭，周围的同事只是不咸不淡地扔下一句“值得吗”，便埋头去统计学生的分数。但很庆幸，我没有放弃，也没有一味地拿学生的错误来折磨自己；我很执着地，一步步实施着自己的爱心策略，不只是单纯地教课，还与这些其实很可爱也很聪明的孩子们交心。我用行动真诚地告诉他们，命运把我们扔到最低谷，其实是对我们的一种恩惠，因为，我们再不会有往下落的痛苦，哪怕往上爬小小的一步，也是别人眼中渴盼着的进步。

这些孩子的心，就这样一点点地被我打开。而且，在尝到成绩进步带来的欣喜后，开始将种种的恶习，艰难又极有韧性地抛弃掉。一年的努力，让这两个无人关心的班，成绩竟是有了明显的进步，我教的语文，甚至超过了好班的成绩。

这当然引起了校长的注意，他把我叫到办公室去，笑着问我，愿不愿意调到好班去？我摇头，笑着回道：“我是一个老师，教的是学生，而且，是能出成绩的学生，至于他们出身的好坏、基础的优劣，我想，不会是什么重要的问题吧？”

半年后，因为出色的表现，我还是被调到了市中心的本校去。在那里，我文笔的优势开始发挥。我学会了用最少的时间，最得当的方法，将知识传授给学生。我成了全校“小资”老师的代表，既能将学生带好，又能让自己的生活过得舒适且多姿多彩。我用周末的时间，给一家时尚杂志做编辑，采写北京城里，那些有着张扬写意人生的女子。我用三年的时间，攒下一笔钱，买了一个30平方米的小房子，它正对着一个漂亮的花园，每天起床，我都会看到美好又新鲜的阳光，洒满洁净的落地窗。再没有什么，能比拥有这样充满希望和挑战的清晨，更让一个“京漂”的女孩子，无比幸福的吧？

而那些在东北小小的县城里羡慕着我的同学，怕是怎么也不会想到，从不知名学校毕业的我，会在三年后，爬到这样处处看得到风景的高台上来。而我，在他们带着淡淡嫉妒的惊讶里，只会轻轻说一句：我只是知道欣赏自己罢了。

真的就是这么简单。

只要心向太阳，生活处处是阳光

●张素燕

一

去超市买东西时，经常会遇到一个女服务员。她四十多岁的样子，穿着一身工装，笔直地站在超市的后门口，满脸微笑地看着进进出出的顾客。同事都叫她李姐。

一次我在后门口旁边的副食区买鸡蛋，当时我手里抱着一个大西瓜，无法接住已称好的一大袋鸡蛋。负责卖鸡蛋的销售员脸上阴云密布，没有好气地说：“快点拿着呀，人家后面还等着称呢！”就在我一手抱住西瓜，一手接住鸡蛋时，李姐跑了过来，不由分说地帮我接过了鸡蛋，然后又走了好远把我送到前门的结账台前。当我万分感谢地从李姐手中接过鸡蛋的时候，无意中碰到了她的左臂膀，空空的，只是一截空荡的、软软的袖管。

我一惊，她却报以阳光的一笑，转身离开了。霎时，我的内心澎湃，喉咙满满，一股热流涌过胸膛。

二

有了这次交集，再去超市，我特意去后门口感谢李姐。可她谦虚和蔼地说：“一点小忙，不算什么的。”

李姐总是那么阳光快乐，脸上始终洋溢着明朗的微笑。她的任务是看好后门，不让拿了东西却未在前台结账的人从这儿出去。可她很乐意帮助人。每每看到有拿不了东西的人，她都会上前去帮忙，用那仅有的右臂膀抱住东西。每当有人询问她物品在哪里，她都会热情地领着别人去放置物品的地点。甚至有人问她厕所在哪里，她也不厌其烦地把人送到厕所门口。其实这些都不属于她的职责范围，可她还是默默无闻地做着这一切。

给顾客称东西是件枯燥烦琐的工作，超市里的顾客络绎不绝，需要称东西的人排着队。负责过称的销售员们都烦躁不堪，叫苦连天，她们的脸色不好看，对顾客也没有好气。常听她们相互抱怨着：“哎呦，累死了。忙得手脚不停，都没有喘气的时候儿。”这时李姐就会走到摊点前帮忙，她在几个摊点之间马不停蹄地忙碌着，满面微笑，仿佛是在享受一份非常愉快的工作。

三

一来二去的，我和李姐成了很要好的熟人。渐渐地，我也知道了些许李姐的故事。

李姐是附近的村民。八年前在一次浇地时，她推上了抽水的电闸，可是电闸年久失修，有地方漏了电。李姐的左胳膊触电后被截肢。她当时也悲痛过，绝望过，彷徨过。“少了一只胳膊，还能干什么？我当时已经失去了生活的勇气。可是有一天我看到有一只鸟从空中掉了下来，它的一只翅膀受伤了。但它在地上拼命地试图往上飞，它试了很多次，挣扎了很多次，终于，它又飞了起来。那一刹那，我哭了。连鸟儿折翅都能飞翔，我一个大活人少一只胳膊又算什么？我也能行的！”李姐满含眼泪动情地回忆着。从那以后，李姐重新步入了正常的生活。她干过销售，收过废品，摆过小摊儿，她用坚强的毅力和对生活美好的信念努力工作着。“孩子在这儿附近上学。我就找了这个超市的工作，这样下班时间也能管管孩子。”李姐快乐地说。

年终，超市评选优秀员工时，李姐胸前戴上了“最佳人气员工”的奖章。

“人就得勤奋工作，积极向上，认真踏实地做好自己能做的每一件事儿。不管刮风下雨，我的心里一直有太阳。一心向着太阳，那么生活处处是阳光。”李姐语重心长地说。

面对肢体健全的人，她选择自强不息，而不是自惭形秽，哀叹嗟怨，是因为她有雄心壮志：即使没有翅膀，心也要飞翔。只要心里有太阳，生活处处是阳光。

给爸爸写信

●[加拿大]戴夫·科兰杰洛　孙开元　编译

“爸爸”通常扮演一个保护者、帮助者的角色，他们不苟言笑、异常严肃，因而总让人觉得他们似乎有些令人望而生畏。我和我爸爸就是这样，他在我们几个孩子面前总是惜言如金。

我想让爸爸讲讲他在我出生之前的生活——他小时候的梦想、爱情和烦恼，可我觉得不好意思。

但是一年前我的爱情和事业双双受挫时，事情有了改变。我想让爸爸拉开他心房上的窗帘，以便我能从他那里获得一点勇气和智慧，因为我感觉自己如同一只迷途羔羊。

在无可奈何的绝望之际，我忽然想到，给爸爸写一封电子邮件也许是和他交流的一把钥匙，写电子邮件的好处是可以反复斟酌、娓娓道来。爸爸可以在他的办公室里写，我可以在多伦多商业区一间底层公寓的办公桌上写，离他有 20 分钟车程的距离。

于是，我给爸爸写了一封电子邮件。我把自己的懊悔和对生活的恐慌都告诉了他，请他给我一点忠告，如果愿意就讲讲他的恋爱，给我一些我正迫切需要的人生见解。

两个星期后，我的收件箱里出现了爸爸的回信：一封扫描的电子邮件，三页，正上方是爸爸的手写标题：“我喜欢过的女孩，写信人：鲁吉。”这位68岁的退休工作者、四个孩子的爷爷，认真地看了我的信，然后写了这封回信，信里包含着他年少时的爱情、希冀、自我怀疑、思想斗争和坚持不懈。

他在信中提到的第一个他喜欢的女孩名叫安吉拉·斯卡塔雷利，他的邻家女孩，西西里人。爸爸写道，他想和她出去约会，“但是始终没能真正地拿出勇气”。已经过去40多年了，她的名字仍然停留在他的记忆里。

爸爸后来有一段时间在多伦多一家百货商店当仓库保管员，商店里自然不乏年轻女孩，一位名叫米歇尔的英国女孩就是其中的一个，她是那里的收银员。爸爸写道：“每当店里来电话要我送货时，我总是想方设法先去她那里。”他和米歇尔约会了几次，但是后来她决定和她的前任男友重归于好，马上和爸爸分了手。虽然这次恋爱仍然无果而终，但爸爸毕竟有进步了！

爸爸10岁时就移民到了加拿大，生活在一个移民社区。

和英国女孩约会时，文化冲击肯定让双方都觉得不自在，于是他决定结识同乡人。

爸爸认识过的意大利女孩有的有名无姓，有的有姓无名，而且描述得也只有只言片语。这几个女孩后来的命运各不相同，有一个女孩嫁给了一位“高富帅”，爸爸参加了她的婚礼。还有一个女孩回到了意大利，死于难产。

然后就是第十位女孩，也是最后一位：安东涅塔·拉罗卡。爸爸对她的描述占了这封信的大部分页面，他说，他们是通过他的叔叔和婶婶的介绍认识的，约会时一起看了电影《呆头鹅》。最后是一句热情洋溢的结尾：“安东涅塔和我可以说是一见钟情，现在已经到了2014年，我们仍然彼此相爱！！！”

我从来没怀疑过父母的深厚感情，这一点从他们每年圣诞节交换礼物时给对方的一个吻中可以看到，或者从他们在散步时朝对方的莞尔一笑中可以看到，甚至从他们的争吵中也可以看到。但是当看到父母的真爱记录在了文字中——爸爸的文字中，而且他们的爱情将会地久天长时，这给了我生活的勇气。

我关掉这封电子邮件，流出了眼泪。我流泪是因为我一直以为自己了解爸爸，但是现在我才知道爸爸曾经经历过那么多爱情上的波折。我流泪是因为在我33岁这年，在痛中无法自拔之时，爸爸的信让我顿时轻松了下来。我流泪是因为我终于明白了，和爸爸交流原来那么简单，只需要我点击一下“发送”。

从那以后，我和爸爸又通了多次电子邮件，再后来，我面对面向爸爸问这些问题时竟然也没有如刺在喉的感觉了。我的烦恼不会就此消失，但是我更了解、更喜欢爸爸了，也感觉自己的烦恼不足为忧，生活其实很美好。

有时候，儿子和爸爸说话是一件难事，但我很高兴能找到一种特殊的方式和爸爸交流。

“文贼”的境界

●杨文凭

多年过去了，自从听说那件事以后，每拿到一本新刊，我总想在目录里迅速查找一个人的名字，好先拜读他的作品。虽然他的名气并不算非常大，但我对他的关注与敬佩，却不低于任何著名作家。

他说，那年，初中毕业后，便待在房里做起作家梦。他整整写了三年，用的稿纸都有两麻袋了，却未能发表一篇。于是，他开始怀疑投出去的文章，是否被编辑仔细看过。再次被退稿后，他便从《微型小说选刊》上抄了一篇别人的作品，署上自己的名字，投给上海一家非常有名气的故事杂志。

当然，文章立刻被发表出去了，他也很快被读者举报，成了文贼。这时候，有人建议马上公布，封杀掉，坚决打击这种剽窃行为。一直热心栽培后人的副主编姚老师，认为毁掉一个作者很容易，但要培养一个作者却太难了。那天，姚老师给他写了一封信，让他解释清楚。

他感觉真是大难临头了，当即回信承认错误，作了深刻的检讨，并把稿费一分不少地退了回去。鉴于他的认错态度非常好，编辑部向原作者道了歉，给了他一个机会，没把事情说出去。也就是说，只要他本人不想提，再也不会有人知晓了。这件事也将被送进历史的风尘。

日子又过了三年，他一边干农活一边勤奋写作，终于凭着真本事，发表了第一篇作品……

如今，20 多年过去了，他成了广东某市一家文学杂志的编辑，已公开发表了近 200 多万字的作品，还有着良好的社会地位。他姓岳，曾在《我也当过文贼》的公开自述里，这么告诉我们。

因为岳先生毫不掩饰地把并不光彩的往事公之于众，敢于直面灵魂，不少文友至今依然深受震撼，对他敬佩不已，铭记在心。

相比之下，虽然我们没有做过“文贼”，但也曾多多少少做过不光彩、对不起别人的事情，能像他那样敢于敞开心灵吗？岳先生能这样，不能不说是活到了一种境界。

崔永元主动道歉解“恩怨”

● 沈黎明

2010年11月南方某刊物刊发了一篇对中央电视台著名主持人朱军的专访，访谈中记者向朱军提及了5年前的一件往事。2005年，我刊发表了一篇题为《病人崔永元》的文章，崔永元在文章中说：我们台一个主持人做谈话节目，采访一个艺术家，这个艺术家很投入，很忘情，主持人也在现场号召大家向他学习。谁知出来后他跟我说，这傻X今天真配合……这篇文章刊出后，许多人都说崔永元说的这个主持人就是你。朱军回答：当时很多人因此怀疑到我的人格。我这个人很少有觉得痛苦的时候，那段时间觉得挺痛苦的，觉得好像被别人侮辱了……

这篇采访一面世，立即在社会上引起强烈反响，各界人士纷纷投来关注的目光。当天崔永元也看到了这篇文章，朱军的讲述犹如重锤，一下下敲击着他的心灵，通过朱军的讲述，崔永元仿佛感受到了他痛苦的心情，不由为自己当年含糊不清的表述给朱军带来的伤害内疚起来，那如何才能挽回自己的过错呢？崔永元思来想去，他觉得办法只有一个，那就是赶紧向朱军道歉，及时消除大家的误解。正在这时，崔永元的几个好友赶来询问情况，崔永元向大家说明了原委后，谈了自己的想法，好友们一听，一致表示反对：“你当年又没指名道姓点朱军的名，现在道的哪门子歉，你可别因为一时冲动坏了自己的名声！”

“不行，做人不能这样，既然我的话给朱军带来了不好的影响和痛苦，我就应该向人家表示歉意，至于名声，那都是虚的，坦荡做人才最重要！”崔永元掷地有声的话语，毫无回旋余地，大家听了不再劝说。随后，崔永元于9日凌晨4点，通过微博正式向朱军道歉：“看了某周刊对朱军的采访，很受感动和启发。对我当年过于含混地描述使朱军饱受误解，并受到无端伤害深感歉疚！现郑重向朱军及家人鞠躬致歉……”

崔永元的道歉发表后，各大媒体和门户网站竞相转载，一时间崔永元与朱军的“恩怨”成了娱乐新闻最吸引眼球的热门话题，各种议论纷至沓来。看着大家的议论，崔永元陷入了沉思：5年了，朱军一直被自己的话语引起的不良猜测困扰着，饱受心灵创伤，自己给他工作、身心、家庭造成的影响真是太大了，如此后果，一两句话道声歉，岂不太轻了。想到此，崔永元坐不住了，他决定要亲自到朱军主持的《艺术人生》节目中，当着全国人民的面向朱军再次道歉。

崔永元的想法得到了他的好友于丹以及很多央视同事的赞赏，在大家的支持和积极运作下，决定借《艺术人生》开播10周年庆典暨“温暖——2010”特别节目，实现崔永元的心愿。

2010年12月19日晚，特别节目在北京开始录制，当晚的嘉宾有于丹、董卿、刘岩等人。节目一开始，崔永元主动提起往事，面对朱军一脸真诚地说：“大家都知道几年前我犯了一个错误，让朱军蒙冤，我在微博上给他道歉了。但是我觉得，微博上那个道歉和对他的伤害不成比例，所以我想借今天这个节目开场的机会，当着大家的面，再次向你道歉。朱军，对不起！”说完崔永元弯腰90度，向朱军深深鞠躬。朱军显然没想到崔永元会行如此大礼，不觉一愣，眼睛盯着崔永元，足足数秒钟后才反应过来，感动地赶紧躬身还礼，然后动情地说：“细想起来，当年小崔体现的是一个媒体人的责任，其实他真不该道歉，也没必要道歉。或者说他可以选择一个比较私密的方式来告诉我——这事让你有点蒙冤，就可以了。但是，崔永元就是崔永元，他选择了现在的做法，这就是他的性格！”说完两人四目相对，同时发出会心的笑声，面对此情此景，现场顿时爆发出热烈的掌声，看得出，两人长达5年的恩怨，在这一笑中已经烟消云散。随后两人在节目中称兄道弟，非常融洽……

社会交往中，由于人们的经历、知识、性格等诸多因素的不同，人与人之间产生一些误解、隔阂在所难免，关键是出现问题后如何解决。如果能抱着一种友好的态度，放下所谓的面子，主动与对方和解，那不但能很好地化解恩怨，使自己的心灵轻松起来，还能展示出一个人的优秀品质和交际风范！

邻家风景

●［美］希瑟·塞勒斯　孙开元　编译

20 世纪 70 年代，我们全家人住在佛罗里达州奥兰多市郊区，那时候我刚几岁年纪。一小片橘园将我们和邻居分开，可以看到，我们的邻居有一个小农场，里面养着几匹马、几头牛，还有一个大花园。邻居的房子是一座三层小楼，二十世纪早期的风格，楼前有长长的走廊，我喜欢那座在故事书插图上才能见到的房子。

可惜我的妈妈患有严重的抑郁症，她总是嘱咐我不要和外人说话，我们和邻居也没有交往。我常想，那个漂亮的大房子里住的是什么人？有时可以看到邻居的两个男孩子在他们的院子里奔跑，两只牧羊犬跟在他们身后，有时可以看到他们的爸爸在院子里骑马。我从没见过那家的女主人，但是我挺喜欢那里，很想去看看。

六年级的一天，老师把一位个子不高、涂着红唇膏、画着金色眼影的女士带进了我们的教室，老师告诉我们，这是瑞茜夫人。瑞茜夫人解释说，她将要开办一个西班牙语俱乐部，想要邀请愿意学西班牙语言和文化的孩子，放学后参加她的俱乐部。我目不转睛地瞅着她手上戴的玳瑁手镯和蓝宝石戒指。

放学的铃声响了，班里没人去找瑞茜夫人。妈妈让我每天放学马上回家，但是那天，我停留了一会儿，问瑞茜夫人，她的俱乐部啥时候开始。

"如果你愿意，现在就行。"她回答。她的眼睛里含着微笑，仿佛我们在策划一个小秘密。那一天，我们在学校门厅里上了第一课。我还算有些语言天赋，学得很顺利。在对话练习中，我知道了瑞茜夫人和她的两个孩子、两条牧羊犬一起住，瑞茜夫人竟然就是我们的邻居女主人。接下来，她教我怎样用西班牙语说自己的年龄、爱吃的食物。最后，她问我是否愿意明天放学后去她家学习厨房用语，我用西班牙语回答："si（好吧）。"

但是妈妈从不让我去任何一位邻居家，这次也不例外。我从夏天就开始央求妈妈，一直求到了秋天，西班牙语俱乐部都已经解散。我和妈妈说："瑞茜夫人邀请我去她家，你就让我去一次吧。"仿佛如果妈妈再不让我去，我就活不了了似的。我有时会在夜里偷偷地哭，担心还没等我去学厨房用语、去见一见她们，瑞茜夫人一家人就会搬走。

终于有一天，我说动了妈妈。一个星期六的下午，我骑着自行车去了那座小农场。门廊覆盖着紫藤，门上有一个铜扣环。瑞茜夫人敞开了大门，把我迎了进去。

我们坐在红丝绒沙发上喝茶，她给我的手指涂上了大红指甲油。她向我展示怎样给几乎每个房间都有的几盆非洲紫罗兰浇水。那个下午的每个细节都铭刻在了我的脑海里，我们一起做了鳄梨色拉和什锦肉糜，我认真地在一张白纸上记下了菜谱。瑞茜夫人看着我的笔记补充道："多放一些大蒜。"我们用西班牙语对话，我的发音洪亮、优美、坚定，这才是真实的我！

瑞茜夫人带我来到院子里，她的孩子泰伊在外面玩耍，跑了过来。泰伊和我在同一所学校上学，但是我们从没说过一句话。瑞茜夫人一只手抚摸着他的卷发，另一只戴着闪亮戒指的手拍着我的后背。她让我和泰伊互相认识一下，我们都很高兴。

又玩了一会儿，我回家了。到家后我立刻向妈妈宣布，我学会了做什锦肉糜。"你好像变了。"妈妈说。我是变了，我完全变了。

我经常弄得满屋子大蒜味儿，经常把指甲涂成大红色，这些事我以前从没尝试过。我还想学跳舞，想把西班牙语学得更精。

一次放学后，泰伊把一条银色的项链作为圣诞节礼物送给了我，那是他们一家人去哥伦比亚旅行时买的。

妈妈没再允许我去瑞茜夫人家，我只是偶尔在远处看到她在院子里晾衣服，或者是在前门廊扫地。一晃四十年过去了，我们也搬了几次家，我还珍藏着泰伊给我的那条项链，上面的坠子是一个银白色小人儿，刻着陌生的吉祥图案。每当看到这条项链，我就会想起瑞茜夫人向我展示的另一种生活，瑞茜夫人让我时刻记得，美好的未来总是会向你敞开大门。

说不，并没有你想象得那么难

● 刘克勤

在当下讲究人际关系和人情的社会，许多人为了维护复杂的人际关系而绞尽脑汁。无论是在生活中还是职场上，只要别人有求于己，不管心中有多么的不情愿，总是面带笑容应下来，为了顾全“面子”而不好意思拒绝，到头来吃尽苦头，也未必能讨得人家满意。

我的同学小A，大学毕业那年，年轻气盛，对职场未来充满了期待，并详细地跟我介绍了他的三年规划以及五年计划。他规划得非常细致，甚至精确到这个时间段做什么，那个时间段做什么。听完之后，我不禁自惭形秽，心里暗暗佩服他能那么条理清晰地规划自己的时间，如此还真是人中精品啊！

但是没过多久，再遇到他，问及他规划完成情况时，他一脸憔悴不无抱怨地说：“唉！啥也别说了，以前规划的那些事情一件也没完成。”我听后顿觉讶异，以他平日里只要说出来就必须做到的性格，那么完整的规划竟然没达成，这也不应该呀？我连忙追问缘由。原来，自从进入职场以后，他不但积极完成自己的分内工作，就连同事偶有完不成的工作，只要开口求他，他都竭力帮忙。

然而最可怕的是，中国有一种叫作“蹬鼻子上脸”的人，只要你接受并办好了他们偷懒耍滑的第一个小无理要求，就会死皮赖脸地给你送来第二个，直至掏空你的时间和耐性。而他就因为太顾及面子而不好意思拒绝，无形中工作量剧增，甚至连自己的休息时间都被占用，哪还有时间完成自己的规划呢？

其实，我们身边有很多像小 A 这样的人，被他人廉价消耗原本可贵的热心，他人却还要摆出一副理所当然的样子！所以，要看清用意，要敢于拒绝毫无疑义的琐事，要相信大声说“不”并没有那么难！面对有人存心犯懒，故意浪费你的时间而请你帮忙的时候，就要果断地说：“对不起，我也没时间！”或者直接说：“抱歉，这事我无能为力啊！”是不是很担心他会因为你的这句话，从此跟你断绝来往呢？如果他们真的和你从此形同陌路，这对你来说，反倒是一件好事，起码暴露出了他们唯利是图的小人行径，离去又何妨！

当然，我说这些并不是叫你冷漠，丧失人情。做任何事情都要有一个度，我们既要合理地帮助身边人，也要维护好自己的利益。一旦发现帮助他人反而使自己的利益严重受损，就要坚决地站起来说“不”！对他人，也对自己。

B君素来“挣一个花俩”，简直就是“今朝有酒今朝醉”，时常是捉襟见肘，东挪西借度日。C君可谓是个标准好男人，因妻子体弱，为了供孩子上学，他省吃俭用，却也不算宽裕。多年来，B君“囊中无米”时就常来向他借钱，他都不好意思拒绝，每次都硬着头皮死要面子说：“没事儿，兄弟一场嘛，谁没有一个为难遭罪的时候呢？”岂知，每一次借出钱以后，他都要重新计划开支。

就像算好的一样，就在他发工资的第二天，B君又如期而至，囧笑着对他说：“哥呀，过几天孩子上学要交一笔钱，实在是手头儿紧，这不，媳妇儿又是骂又是闹的，所以千万千万还得帮个忙。”

对于B君本该安分工作却不思进取的生活方式，他几经尝试都无力说服，但此时他觉得不应该再对他“有求必应”了。因为借他钱就要压缩自己的当月开销，前几次很多计划都因为资金不足而放弃，他不想再这样成全一个只想求得他人同情，却不愿积极改变现状的人。于是就很认真地说：“对不起，这一次是真的无能为力，帮不了你了。”B君还想说什么，但看着C君坚定的眼神，他只好极其不满地扬长而去。

殊不知，在有些事情面前，你碍于“面子”而选择“不好意思”，就是选择了“愚昧”，选择了委曲求全。而一旦你的“不好意思”被人有意操纵，令你无法做出果断的正确决定，必然会使你的利益受损。然而那时，他人却暗自窃喜，甚至坦然到不知自省。那么，你的善良、不拒绝，不但凸显了你的性格缺陷和弱点，也让自己败给了面子，毫无意义地助长了他人的恶习。

第六辑

少一分自卑，多一分自信，你会更“好意思”

生活是有诗和远方的

● 李良旭

阿华的生活可以用艰辛和坎坷来形容。40 岁，正值盛年，就下岗了。妻子摆了个小摊，卖点针头线脑，风里来，雨里去，糊个口都很难。女儿腿有残疾，每天上学，需要拄着拐，才能艰难地前行。人们知道他家的情况，总是流露出一种叹惜和唏嘘的神色，甚至夹着一丝怜悯。

当我心情沉重地走进他那陈旧、阴暗的小屋时，我眼前顿时一亮：小小的屋子里，收拾得干干净净。桌子上，一盆水仙，摇曳着曼妙的身姿，有一种馨香在萦绕；厨房里，洗净的青菜、萝卜，清新、润滑，切好的一小碟肉片，像绽放的花蕾；更让我感到特别的是，这里还有一个书橱，书橱里面摆满了书籍。书橱旁边挂着一把二胡，泛着岁月沉淀的光泽。

阿华将二胡拿了下来，坐在凳子上，轻轻调试了几下音节，一曲《满园春色》在温馨、浪漫的旋律中舒展开来。顷刻间，这小屋里，多了几分灵动和几分生机，让人内心溢满了一种美好和向往。

悠悠弦音仿佛还在耳旁萦绕。我笑道，在我的想象中，你的生活一定很灰暗、沮丧，没有一点浪漫和色彩，没想到，你的生活还这么富有诗意，明媚动人。

阿华听了，眸子里满是深情，他柔声地说道，我曾经的生活过得很灰暗、很沮丧，我被眼前一连串的变故彻底打倒了，我不知道该怎样走下去，变得猥琐、苟且，家里也变得死气沉沉。妻子、女儿的眼睛里总有一种紧张、沉重的神色，生活中充满着一种压抑感。

乡下老母亲挎着从田地里收上来的土豆风尘仆仆地进城来看我。她看到家里凌乱不堪和我萎靡不振的样子，眉头紧锁，她两眼紧紧地盯着我，用一种不曾有过的严厉说道，孩子，我只想对你说，你不应该这样生活。我们曾经比你现在更穷困潦倒，可是我们没有放弃，而是一步一步地走了过来。与过去相比，我们的生活不知要好了多少倍呢。孩子，好好生活，要相信，以后的生活只会更美好！

母亲的话，掷地有声，深深地震撼了我。我抬头仔细地看了看母亲，仿佛才刚认识似的。没想到，我那没有一点文化的母亲，竟说出了这么有道理的话来。那一刻，我仿佛有一种醍醐灌顶的顿悟。是呀，就像现在流行的一句话所说，生活是有诗和远方的，我不应仅仅看到眼前的困难和不幸。

从此，我不再自卑，不再得过且过、浑浑噩噩地过日子，而是换了一种活法，把生活当作诗来解读，把生活注满了美好的向往。心态一变，生活的色彩全变了。我找了一份陪护的工作，不仅将病人的生活料理好，还和病人谈心、交流。在陪护中，我感觉到自己也是一个病人，也需要别人给予心灵的抚慰。在和病人惺惺相惜中，我找到了新的人生和明媚。

阿华的眸子里闪烁着一丝晶亮，看得出他对生活充满了感恩和向往，是的，他的生活还很艰难，甚至还很困顿，但是在这种艰难和困顿中，他看到了生活中的诗和那个令人十分向往的远方，将艰难和困顿的日子，变得美好起来。

那一刻，我对阿华的生活不再担心和怀疑，因为他找到了生活中的诗和远方，那是一种信心和力量。

美丽的心灵也是特长

●包利民

有个女孩长得很平凡，学习也很一般，歌唱得也不好，更不会跳舞。她经常看着镜子中的自己叹息，恨上天对自己不公平。升入中学后她更加沉默，看着别的同学又唱又跳，口才也那么好，她总是躲在角落里用自卑把一颗心紧紧地困囿住。

她学习很努力，成绩却很一般，为此她不知偷偷哭过多少次。班上的同学没有人注意她，下课时别人都去操场上玩了，她便去把黑板擦得干干净净，把地面扫得纤尘不染。夏天时，她细心地在地上洒上水；冬天时，她把门口和教室里大家带来的雪扫干净，免得同学们进来时滑倒。没有人注意到她所做的一切，她也不想让别人知道，只是觉得自己应该这么做。

可是有一次同学们注意到了她。那天她迟到了，当她怯生生地喊了一声“报告”走进教室时，同学们的目光都投到了她身上，随即教室里响起了一阵笑声。原来她的衣服很零乱，头发也梳得不整齐，一看就知道是起晚了胡乱穿上衣服赶来了。她低着头站在那里，眼泪都快流出来了，班主任老师走过去帮她整了整衣服，微笑着说："快回到座位去吧，课已讲一半了，如果听不明白下课后找我。"她回到座位上，脸红红的。

有一次开班会，老师让大家说一下自己的特长。于是每个人都兴奋起来，轮流发言，有的唱歌好，有的跳舞好，有的会书法，有的能画画，有的会弹钢琴。她坐在那里静静地听着，脸上带着羡慕的微笑。忽然，老师叫了她的名字，她一惊，红着脸站起来小声说："老师，我没有特长。"老师走到她的身旁，轻轻地抚了抚她的头，对大家说："你们也许不会注意到，平时是谁在课间把地面扫得干干净净，是谁每天早早地来到教室把每张书桌擦得纤尘不染。这就是艾珂同学，她一直默默地做着这一切。有一次她迟到了，你们还嘲笑她，你们知道她那次为什么迟到吗？她帮一位老大妈把一袋米搬上了四楼啊！你们一定奇怪我是怎么知道的，那个老大妈就是我的邻居啊！同学们，你们都各有各的才华，艾珂同学也有，她有一颗美丽的心，美丽的心灵也是特长啊！"教室里响起了一阵热烈的掌声，大家第一次发现，这个平时没人注意的女孩原来竟是这样美丽。

如果你没有出众的容貌，美丽的心灵让你同样出色；如果你有美丽的容颜，善良的心能让你锦上添花。美丽的心灵是任何东西都无法取代的特长，所以平凡的你不要自卑，你的特长会照亮你生命中所有的黯淡岁月。拥有一颗美丽的心，就一定能拥有一段无怨无悔的青春岁月！

多翻几个个儿就熟了

●老玉米

我的少年时光很短，最起码我自己这样认为。

我说它短，是因为本该去享受的少年时光，被我自己掐断了。

因为学习成绩一直很好，也因为我的倔强和高傲，中考的时候只报了一个志愿，那就是市重点高中。我对所有人说，市重点高中是我的囊中之物。结果老天弄人，差三分而败北。那一刻，仿佛看见所有人眼睛里都有一把嘲弄的匕首，纷纷刺向我，让我无处可逃。

老师来劝我重读，父母也劝，可是我哪里还有脸回到学校，除非让我戴上一个大大的面具，用来遮羞。

我没有选择重读，而是走了另外一条坎坷的路——自学。

那时候的我经历着“最落魄”的青春。我的语文老师刘季夫知道后，让我加入他的文学社，鼓励我进行文学创作，那是我最早接触的文学的天地。一篇篇小文章经过他的修改，在当地的小报上发表，从此，我的文学之路开始了，虽然艰辛，却无比欣慰。在最苦的时日里，在那个冷冷的西屋里，我的手，因为长时间拿笔，被冻成了馒头的形状。

总是母亲起床做饭的时候，我睡下。像路遥一样，我的早晨，也永远都是从中午开始。

可是后来季夫老师生了病，文学社解散，我的世界一下子又暗了下去。

母亲倒是支持我，她说，既然选择了这条路，就坚持走下去吧。坚持，这是母亲最本真的鼓励吧，没有一点煽情的意味。“不过，”母亲接着说，“买稿纸和邮票的钱要你自己去挣来。”

是啊，不工作，一直这么靠父母养活，我心里也愧疚。一咬牙去了父亲的工厂当了一名学徒工，白天工作，夜里写诗，靠着一种青春的激情，竟不觉得累。

只是，我投出的稿子总是泥牛入海般毫无消息，让我不禁有些动摇了。

还是母亲，还是不带半点煽情味道的鼓励：“哪有那么容易成功的事儿，坚持住，总会有成果的。”

我便选择继续坚持写下去。那个时候，喜欢看书，可是家里那几本书都已经读得稀烂，做梦都是关于偷书的梦，梦见自己偷偷地潜入书店，把书店里的好书装了满满几麻袋偷走，睡梦中露出贪婪的微笑。

和母亲说起我的梦，母亲笑笑没说什么。周末的时候，领我去书店，让我挑喜欢的书。我不敢相信，吝啬的母亲为了鼓励我写作，竟然可以给我买那么多的书。《复活》《战争与和平》《悲惨世界》《约翰·克里斯朵夫》等名著都是在那个时候与我抱了满怀的，我如饥似渴地读着，忘我地走进小说的世界里。从《悲惨世界》中，我知道了原来人间还有那么巨大的苦难和不幸，人如果要作恶，可以恶到什么地步，而人如果决心行善，又可能产生多么伟大的精神力量；从托尔斯泰的《复活》中，我学会了用解剖刀一般锋利的目光审视周围人们的道德，同时也用严格的尺度审视自己的心灵；从《约翰·克里斯朵夫》中，我感受到友谊的温馨、爱情的迷人和牵魂动魄、艺术的价值和力量。

我的文学之路从那个时候开始变得坚实了许多。

又一次收到退稿的时候，我耷拉着脑袋，不敢面对母亲热切期望的眼神。正是年底的时候，母亲在灶台上给我们炒花生果，一边炒，一边对我说："不急，你看这花生果，要多翻几个个儿才能熟呢！人不也一样吗？受些煎熬和苦楚，有啥大不了的！"

我深有感触，是啊，有啥大不了的，我就不信我的文字变不了铅字！

终于，一年后的某一天，我的文章终于发表了，而且还是在《散文》这样的大杂志。母亲向我表示祝贺的方式一样没有半点煽情意味，只是递给我一把炒好的花生果。我剥了皮，吃了一个，真香，炒得恰到好处。

这一次母亲没有说话，但我永远记住了母亲关于炒花生果的那一段妙语：多翻几个个儿就熟了。

是啊，迷茫、困惑……什么都不要怕，更不要因为失败而不好意思。要成长，要成熟，就得在生活的热锅里多翻几个个儿呢！

我要让世界上最著名的摄影师为我拍照

●陈志高

年少的约翰家里贫穷，和班里众多的富家子弟相比，穿着显得极为寒酸。

一天，老师和他们说一个报社的摄影师要来给他们拍照。同学们欢呼雀跃，纷纷穿上最好看的衣服、最昂贵的鞋子，不遗余力抢着风头。

约翰也很兴奋，他努力找了一件自己看来很像样的衣服，早早来到学校，却被老师排在了队伍的最边上。他不得不踮着脚尖儿，小鸟依人般使劲往“大部队”靠着，生怕自己从摄影师的镜头里掉下去。

摄影师微笑的脸忽然凝在那里，继而蹙起了眉头，“你还是把最边上那个同学请出去吧，他实在是太‘与众不同’啦！”他对老师说，然后耸耸肩，努努嘴，自己竟忍不住被自己的冷笑话给逗笑了。

就因为他穿着太寒酸了，和周围的同学太不协调，所以被请出了队伍，被剥夺了拍照的权利。

在大家的嘲笑中，约翰被晾在了一旁，像一株即将枯萎的小草。不，是一株愤怒的小草，因为他受到了出生以来最大的羞辱，不由得握紧了自己的小拳头。

那一张没有自己的合影照，约翰也得到了，并且一直“珍藏”着，时不时地就会拿出来看一看。

多少年之后，他在给自己儿子的一封信中说了当时的那个情景——我站在那里，握紧拳头，向自己郑重发誓：总有一天，我会成为世界上最富有的人！我要让世界上最著名的摄影师为我拍照！

他就是约翰·洛克菲勒，美国最大的富翁和慈善家之一。

侮辱像一把利刃，能刺伤我们的心灵。但是，在勇者和智者那里，它更能成为一种动力，激发出人的斗志来。从另一个角度说，能否承受来自别人的侮辱是测量一个人是否能够成功的标尺。

多年后的一个新闻发布会上，约翰见到了那个摄影师，尽管他老了，约翰还是一眼就认出了他，因为这么多年来，摄影师的脸已深深刻进了他的脑海里。他走过去，轻轻拍了拍摄影师的肩，和他说起年少时的这段往事。摄影师一脸窘迫，不敢相信眼前的一切。约翰说：“谢谢你当年的侮辱，使我确立了自己的人生目标。我当初在心底的誓言是让世界上最著名的摄影师为我拍照，但今天我打算改变初衷，所以，您可以尽情为我拍照，请吧！”

第三个机会

● 李红都

她走进人力资源部办公室的时候，他已在等候了。这是他们第一次见面。

她是一位特殊的职工，因为她是个“聋人”。公司重组，她所在的部门有人嫌她耳聋，交流不便，便怂恿部门领导将她劝退；也有人同情她，认为残疾人就业难，而且她也不是一无是处，甚至可以说，她除了听力，无论文化还是素质都不比一般员工差。

他是新调来的公司领导，刚从办公室主任那里知道了一些她的情况，他想见见她，多一些了解，决定是否留用。她来了，带着她的毕业证——“自大”文凭（全国高等教育自学考试文凭）和一些刊登过她文章的报纸杂志进来了。

“您好！”她毕恭毕敬地上前打了个招呼。

他站起身来，指指对面的椅子向她做了个“请”的手势。

知道她听不到，他已备好了纸笔。

她把她参加公司和全国职工文艺创作比赛的证书以及毕业证和样刊、样报放在桌上，微笑地请他过目。他认真地翻看之后，向她竖起了大拇指。

“你除了写作之外，还有什么特长？”他在纸上写道。

“我是中医专业的毕业生，爱好文学，业余坚持写作。在公司一直从事搬运等辅助工作，除了写作和中医，其他的专业了解得不多。”她慢慢地回答，力求清晰得体。

11岁失聪后，她一直靠看口型和笔谈与人沟通，太久没有讲过话，吐字已不是太清楚。她在心里给自己打气，缺陷并不是她的过错，她能拿到大学自考文凭就足以证明她除了听力，其他并不比别人差。

他思忖了片刻：“你会电脑吗？水平怎么样？”

她愣住了，重组前企业效益长年不好，家里一直没有多余的钱购买电脑这样的“大件”。她老老实实地回答：“非常抱歉，我没有学过电脑。”

他的眸中闪出了一丝失望：“公司留用你，你先回原部门干着，以后有合适的岗位再重新安排。”

他客气地送她出了门。

她重新有了岗位，虽然仍然是出力气的工作，但她很珍惜。工作之余，她继续写作提高自己，并和爱人每月固定存一些钱准备购买电脑。

两年后，她有了一台“联想”，并用心地学会了办公软件和电脑网络知识。网络让她的知识面和视野不断开阔。网上投稿方便快捷，她的文字渐渐从厂报走上区报，然后又出现在市报中。想到了他曾问的那句话：“你会电脑吗？水平怎么样？”她明白，他是睿智的，知道如何扬长避短地安排员工；她是懵懂的，没有把握住命运中的第一个机会。

她一直没有放弃写作，业余时间依靠顽强的毅力坚持学习和投稿，渐渐地，她开始在公司通讯员和区报通讯员中崭露头角。并有数篇作品发表于省、市级刊物，她打字速度也越来越快。这些进步给她带来了快乐和自信。

两年后，部门间的合并让她失去了原有的岗位。人员多，岗位少，原部门没有合适的地方安置她，把她的情况上报到公司相关部门。

这是他们第二次见面。当她在他助手的引领下走进他办公室的时候，他已在等候。

“你的事情，我都知道了。公司也一直都在关注你的成长，只是你的情况非常特殊，不知哪个岗位适合你。”他很有耐心地在纸上写道，然后把纸片递给她。

“我的要求不高，能有个岗位自食其力就行。”她谦卑地回答。

“你可以在全公司范围选择适合你，并且你有兴趣、有能力做好的工作岗位，我帮你协调一下。”他是温和而果断的。

犹豫了片刻，她随便说了个她所熟悉的辅助性岗位。

“好的，我记下了。等联系好了，我会通知你。”他客气地站起来把她送到门口。

她感激地冲他招招手告辞了。路上，她的心情并不平静。她知道，其实她提出的都不是她喜欢的岗位，她真正喜欢的是文字工作，只是怕说出这个梦想被人笑话自不量力。

第二天，她在家里等着消息，心里充满了矛盾。这是机会啊，可是她怎么就没有勇气说出自己喜欢的工作岗位？但她真的说不出口，他是她的恩人，已帮过她一次了，怎么好意思再让他为难呢？

手机突然振动。短信是宣传部一直很欣赏并多次帮助过她的一位善良的大姐发来的：“工作定下来了吗？”

“我想到某某辅助岗位去，公司正在帮我协调。”

“为你高兴。不过，我倒希望你来我们宣传部。你能行的，你有这样的能力。”

她的心像找到了寄托般：“真的吗？我听力不好，做文字工作行吗？”

“别老是那么自卑，要多一分自信。相信你能胜任的！因为，你有一颗热爱工作和生活的心。”

她决定再去他的办公室一趟，大胆地说出想做文字工作的梦想。毕竟，机会不多，它来临的时候，不要错过。

这是他们第三次见面。她在他的面前面红耳赤地鼓了好半天勇气才开口：“让我试试吧，我对文字发自内心地热爱，我已写了十多年了，我相信，我做文字工作会比做其他工作更合适。而且，我已能熟练地运用电脑，网络上的沟通也能或多或少地弥补听力的不足。”

他的眼中闪烁着惊喜：“有能力、有勇气、有志气，这是求职必备的条件。公司愿意为每一位有志的员工提供干事和发展的平台。我会帮助你实现这个心愿，也望你继续用心工作，不断进取！”

原来，不好意思的实质是一种自卑，是缺乏自信的懦弱的表现，她庆幸自己最终克服了自卑，在自信中把握住了命运中的第三个机会，实现了人生梦想。他和那位鼓励她抓住命运橄榄枝的好心大姐成了她感恩一生的贵人，成了她继续奋斗下去的动力。

学会麻烦别人

● 杨晔

白晓丽和洪百蓝大学毕业后，在同一家公司任职。虽都是刚刚毕业的大学生，但性格迥异，白晓丽来自农村，性格内向腼腆，自己能做的事绝对不求人，她最怕给别人添麻烦。她的母亲也常常教育她，出门在外要自立，不要轻易麻烦别人，自己的事自己做。晓丽恪守母亲的教育。

百蓝性格开朗，很会说话，不久就和大家打成一片。但是晓丽却看不惯她的言行，觉得她有些虚伪，总是有意无意地称赞同事的衣服或鞋子漂亮，而在晓丽看来那些衣服鞋子并不像百蓝说的那么好。

最让晓丽看不惯的是百蓝很会巧使人。比如别人去打印室印材料，百蓝就麻烦别人把她的材料顺道印了。有时别人中午买吃的，她也让别人带一份。自己能做的事干吗要麻烦别人。

晓丽从来不这样，凡事都亲力亲为。她最怕给别人添麻烦，也怕欠人情。渐渐地，同事有事情基本不叫上她，因为大家觉得她很清高，甚至孤傲。而百蓝和大家打得火热，当然别人有事的时候，也都不客气地让百蓝去做，百蓝也乐呵呵地替别人跑腿。

独来独往的晓丽突然感到很孤独，看到大家你来我往，发现自己似乎被大家屏蔽了。晓丽很苦恼，其实她心里也是愿意和大家交往的，只是由于她把自己封闭得太严实，结果大家就敬而远之。后来她也学着百蓝麻烦别人帮自己做事，起初同事有些惊讶，但还是欣欣然地帮助她。晓丽感到很开心，后来也主动帮助别人打打热水，或是带份午饭。渐渐地晓丽也成了同事圈里的一分子。

原来麻烦别人也是交流的一种方式，麻烦别人做事是以信任为前提的，人的本性里都喜欢被委以重任，因为那是受信任的表现。所以适当麻烦别人并善意帮助他人不失为一种很好的沟通方式，我们在与他人交往的过程中，应好好学习和运用。

每朵花开都不容易

●阿土

阿薇是我最好的朋友之一，她在区小学任教，虽然长相普通，为人却非常活泼，充满自信。朋友开她玩笑最多的一句话就是“把她放在人群里，谁也不会注意到”。阿薇知道大家在开玩笑，并不在意。其实，大家也都知道，阿薇只是长相普通，她的教学水平和文娱组织能力却一点也不普通。她带的班级每年考试都在全区数一数二，她组织的文娱活动每次都能拿上奖。因此，很多家长都慕名而来，希望把孩子送到她的班里。阿薇却从不挑班也不挑学生，像她说得那样“教师没有挑拣学生的权利”，每次分到哪个班就带哪个班。

在和阿薇聊天时，我也不能免俗地问她，为什么只要孩子到了她的班里就会变得与往日不同。每次，阿薇只是笑笑，说你是作家，还不知道怎样才能激励孩子？后来，被我问得急了，阿薇才给我讲了一个故事。

以前，有个长相普通的乡村女孩，在乡村时因为大家的环境相同，所以她一直无忧无虑，每天都很快乐。无论上学还是帮助母亲打猪草，她都做得非常开心。她的成绩也一直很好，经常被抽去参加一些大赛，每次也都能取得一些名次。也许是这个缘故，中考时她被保送进入市重点中学。然而，城市和农村毕竟是有差别的，进入市重点中学后她发现一切都变了，大家似乎不再平等，从农村来的孩子经常会受一些城市孩子的欺侮，长相漂亮的偶尔还会有男生护着，其他农村学生就没有那么好运气了，经常被当成“土包子”来取笑。于是，她开始害怕上课，原本的开朗也消失了，成绩慢慢下滑。她甚至期盼每天都是周末，这样她好躲回家中，像只受伤的小鸟藏在母亲的翅膀下。

女孩的母亲是个普通的农村妇女，木讷寡言。她虽然感觉到了女孩的变化，尽管也很焦急，却不知道如何是好，每次只会尽力地张开胳膊，给女孩最温暖的怀抱。然而，就是这位母亲，一句无意识的话却如惊雷般震醒了女孩，改变了女孩的一生。

那是个星期天的下午，女孩在母亲的陪同下极不情愿地赶往车站，准备乘班车在晚自习前回到学校。她们沿着通往镇车站的土路走着，一路上很少说话。正走着，女孩突然发现路边的矮树丛中竟然开着许多花，忍不住高兴地跑了过去。女孩打小就喜欢花，喜欢用花装点自己的空间，她觉得花虽然不说话，却比任何语言都美丽。

“不要掐，那些花都是很努力才开的，每朵花开得都不容易呀。”母亲叫住了要摘花的女孩，指着那些长在杂树群中，异常瘦弱的枝干说：“早长出来的树把营养都吸收了，它们等于是偷来的生命，却还要把花开开，你就让它留着让更多的人看吧，摘了它，它的努力就白费了。”

女孩愣了一下，她没想到母亲为了阻止她摘花竟会说出如此充满哲理的话。那些偷来的生命都知道让自己开出花朵，而自己却要因为一点阴霾放弃整片阳光，太对不起辛苦养育自己的父母了。想着艰辛劳作的父母，女孩的心里有些酸，泪水要涌出来了，但是她强忍着，转过身，给了母亲一脸愉快的笑容。母亲不知道女孩为何而笑，但是看着很久没有笑得这么灿烂的女儿，她也高兴地笑了……

那个女孩就是阿薇，虽然母亲是无意识地说出了那句话，但是那句话给她的冲击却是意想不到的。“每朵花开都不容易，但是每朵花都会开放。”阿薇说，是母亲的话让她警醒，让她回到了最初。读完了大学，这句话成了她现在执教的座右铭，“其实，每个孩子都是一朵花，都有开花的梦想，我只是让他们把花朵打开而已。”

第七辑

撕去不好意思的面纱，扫去阻碍人生的绊脚石

没有一块是废料

• 林玉椿

李东是中国著名的玉雕大师，许多作品获得过国家级大赛金奖。由于他的玉雕作品造型独特、删繁就简，将国学博大精深的文化蕴藏其中，形成了雄浑大气的艺术风格，被同行誉为“国学玉雕第一人”。

不过，李东的成才之路并非一帆风顺。16 岁的时候，李东考入北京玉器厂，在四年的时间里，他从美术基础课程学起，然后学习玉石的切料、雕刻。可就在他进入实习期的时候，由于对石料的解读能力不足，面对形形色色的玉石原料，他总是把作品做坏，做一件坏一件。这令他的自信心跌到了谷底，甚至产生了放弃这个行业的念头。

就在深陷迷惘的时候，李东遇到了人生中的“贵人”——他的老师李博生。李博生是行业中颇具盛名的玉雕大师，有“中国工艺美术大师”之称。他处事谦和，在指导学生时从不设限，常常让学生们自己选料，自己设计，自己创作。

一次，李博生老师与学生们约定，谁先设计好作品，就可以得到他的单独辅导。李东挑选了一块黑白相间的玛瑙，经过精心构思，他打算将前面的黑料雕成两根长长的黑眉毛，后面的白料雕成一个罗汉，再后面的那层黑料雕成一棵松树。构思好以后，李东拿着设计图兴冲冲地去找李博生老师。李博生老师看完设计图，对李东点了点头，赞许地说：“小伙子，你适合干这行。”对于许多手艺人而言，老师的肯定至关重要。老师的话让李东倍受鼓舞，他重拾信心，开始大胆尝试。

然而，由于缺乏经验，在制作过程中，还是出现了许多突发状况。因为玛瑙上面有很多细纹，为了表现自己，李东想把这些细纹全部镂空，结果把罗汉的一边眉毛弄掉了。李东万分惭愧，拿着作品找到李博生老师，满以为会被老师狠狠地批评一顿。没想到，李博生老师并没有生气，而是很平和地对他说：“罗汉雕得很不错，你在旁边雕一只蝙蝠，让罗汉把头歪过来，看着这只蝙蝠。这是‘望福’的寓意。”

根据老师的指点，李东继续雕刻自己的作品，可是在制作过程中又再次出现问题——他把松树又弄掉了一截，巴掌大的作品只剩下四分之三大了。李东感到无比沮丧，他拿着“残品”找到李博生老师，惴惴不安地说：“老师，您看我这个作品是不是就作废了？”李博生老师盯着作品看了一会儿，微笑着说：“没有，我教你把松树再处理一下。”松树重新雕刻好之后，李东低着头说：“可是罗汉的一边眉毛始终还是断掉了。”李博生老师说：“你已经雕得很好了，我给你的作品起个名字吧，叫作‘福无双降’。”这一取名既掩盖了断眉之瑕，又暗合了知足常乐、生无苛求之意，顿时令李东豁然开朗。李博生老师意味深长地说：“你要记住，只要我们用心去发掘，就没有一块废料，每块玉石都可以创作出好的作品。”

这件事情令李东感触良深，从那以后，每当李东拿到一块玉石，都会用心去解读，努力去思考，认真去雕刻，使作品尽量变得完美。即使是一块很不起眼的玉石，到了他手里，总能成为一件巧夺天工的作品，富有思想，蕴藏寓意。

有一天，朋友给李东带来了一块和田白玉籽料，朋友叹息说：“这是一块很好的料，只可惜中间有一条很深的裂痕，不然一定可以雕成一件很好的作品。”李东沉思了一会儿，回答说：“现在也一样可以。”于是，他从裂痕处将白玉一分为二，一半雕了一条圆润的龙，一半雕了一只威猛的虎，两块玉合在一起天衣无缝，取名“智勇双全”。这件作品参加中国玉石雕刻“神工奖”大赛，从几百件参赛作品中脱颖而出，获得了金奖。

“没有一块玉石是废料。”这是李东现在经常对徒弟们说的一句话，“但是我们必须先读懂玉，再雕琢玉。”

其实，人也是如此，只要我们用心去观察每个人的特点，努力去挖掘每个人的潜力，多给他们一些鼓励和指引，使他们对自己充满信心，充分发挥自己的特长，那么，每个人都可以成才！

你能得到多少分贝的掌声

●老玉米

那年我正在上高中，参加了一次演讲比赛。

那是一次级别很高的演讲比赛，要求演讲者就美丽、博学、勇敢和诚实哪一个更重要展开阐述。为了体现比赛的公正性，评审团偷偷地在角落里放置了分贝器，以每个人所获得掌声音量的分贝大小作为评审的参照。

我是唯一一个来自高中校园的学生。在这之前，我是高傲的。从小到大，我都是在一片喝彩声中度过，不知不觉之间，便有了一种优越感。为了这个参赛名额，我求了老师很多次，加上我在学校里确实非常优秀，全校老师最后一致推选我代表学校参加演讲。从报名到参加演讲，一直是那点所谓的自信在推动我，可是当一个个演讲者从容淡定地引经据典、旁征博引地进行了精彩演讲之后，我的自信心第一次受到了重创。我开始紧张了。我清醒地看到了自己和其他演讲者的差距，简直是天壤之别。我开始后悔自己辛辛苦苦争取来的机会了，但一切已经来不及，马上就要轮到自己演讲了。

演讲会场上的掌声此起彼伏，评审团的工作人员不停地测着掌声的分贝。

在那些于某个知识领域小有名气的人物面前，我有些战战兢兢地上台了。本来那个演讲稿在脑海里早已是滚瓜烂熟的，但不知道怎么了，看着台下黑压压的人群，竟开始前言不搭后语，甚至有那样一刻，脑子里一片空白，那些演讲词被我忘记得一干二净。在经过了几分钟尴尬的沉默之后，没办法，我只好为自己打了个圆场：“不好意思，对不起大家，我把演讲词忘了！”这时候台下开始出现小面积的议论，继而是大面积的嘘声，我涨红脸颊，低着头匆匆离开了演讲台。

我躲到角落里，仿佛是在经历世界末日一样地等待着演讲会的结束。家人和老师的安慰使我更加难过。

演讲会结束了，一位律师身份的演讲者凭借渊博的知识和动感十足的演讲获得冠军，他赢得了现场观众热烈的掌声，掌声的音量超过了 80 分贝！而我的掌声音量为零！

主持人在最后总结的时候特别提到了我，说我作为一名高中生，能够有勇气来参加比赛本身就是一种成功。我和所有参赛者一起被邀请到了演讲台上，每个人要做一段最后的致辞，我不得不再一次拿过那让自己难堪的话筒。

我说自己虽然忘掉了准备好的演讲稿，不过在心里，另外拷贝了一份没有草稿的演讲稿，希望主持人能给我一个表达的机会。

我说：“现在我才知道，今天我来这里，是有些自不量力的。我以为自己穿上了漂亮的外衣就是美丽，我以为自己每门功课都考了第一就是博学，我以为自己敢为女同学出头找欺负她的男生算账就算勇敢，我以为每天晚上对妈妈如实汇报学习和思想情况就是诚实，但是很显然，我是太过幼稚了。在今天这些老师的面前，我第一次感觉到自己的渺小，我觉得自己就是那只第一次跳出井底的青蛙，看着广阔无边的世界，置身浩瀚的知识海洋，只有惊呆和惭愧！所以，在这里，我深深地打量了自己，我所自认为的美丽不再是美丽，我所自认为的博学不再是博学，我所自认为的勇敢不再是勇敢……”

现场开始安静了下来。

“但是今天，”我羞涩地笑着说道，“我认为自己唯一值得表扬的地方就是诚实，因为我确实是把演讲词忘掉了，而且是忘得一干二净。”

现场观众开始发出了善意的笑声。

“所以我认为，你可以不美丽，但你不可以不博学；你可以不博学，但你不可以不勇敢；你甚至可以不勇敢，但你无论如何，不可以不诚实！”

现场爆发出了热烈的掌声！评审团惊奇地发现，我所获得的掌声音量接近了 90 分贝！竟然超过了今天的冠军。

虽然我在美丽、博学、勇敢上都输给了别人，但我用我的诚实，赢得了掌声！

我不想拆掉你的翅膀

●朱成玉

他是个不到20岁的年轻人，一个文学爱好者，带了厚厚的一大本他自己写的文章，赶了很远的路，就为了来拜访我，希望能够得到我的一些指点。

他和我说，他是攒了好几天才攒够了来看我的路费，路上都不敢吃什么东西，怕把回去的路费吃掉了。说到这儿，他羞怯地低下了头。

我为这个虔诚于文学的小伙子感动着，拿毛巾给他，他一边擦汗一边羡慕着："你的工作可真好，多么宽敞漂亮的办公室啊！"

我说："好好写你的文章，你也会有这样的办公室的。"

我带他去食堂吃过饭后，他一再地掏出他口袋里的一些零钱，对我说："囊中羞涩，不好意思，第一次来什么也没给您带，您不会见怪吧？"

我见过富人显富，却没见过穷人显穷。

“怎么会呢。”我拍着他的肩膀，劝他不要想那么多。

我看了他写的那些文章，华丽有余而力量不足，但总体的文字基础还是不错的。如果坚持下去，定会有不小的收获。我的褒奖显然增添了他的自信，他说他一定会加倍努力，一定要写出个名堂来。我给他留了电话号码，告诉他有什么事情可以随时来找我。他接过我的名片，手有些抖，满怀感激的样子。

天有些晚了，我不停地看着手表，示意他应该走了，不然会赶不上回去的车了。他大概也看出了我的担心，说没事，回去的车有的是，就是天黑了也有。然后，他就有些不好意思地说：“能不能再到你的食堂里吃顿饭啊，那样，在回去的路上我就可以不吃东西了。”

“当然可以啊。”我爽快地领他去食堂，让他吃了个饱。然后又替他打了满满的一盒饭，让他带着在路上吃。在办公室里，他看到地上堆了很多纸张，向我索要，说反正你这里这么多，我也可以用它们多练笔写东西。我就找了个袋子，帮他装了些洁白的纸张。心里却忽然有了一种说不清楚的感觉，令我的热情骤减。

他再一次感激涕零，发誓一定要写出好作品。

临走的时候，他又一次掏出他的那些零钱（他回家的路费），不厌其烦地说最近手头拮据，什么都没给我带，让我不要怪他。我知道，他这是在暗示我替他买一张回程车票。

钱就在我的口袋里，但这次，我没有掏出来。

他和我说，有一次在车站，他没钱买车票，就向别人开口要，没想到有一个好心的人很慷慨地给了他50元呢。

他一再地暗示我，就差没有开口向我要钱了。可我依然装聋作哑无动于衷。

口袋里的钱被我握成了一个纸团。我知道，我不能把它交到他的手上，那样，它真的就成了一团废纸，没有尊严的废纸。

他用一种很奇怪的眼神看我，或许他觉得我是个吝啬的人，但我必须那样做，我只是不想让他养成一种过分依赖别人施舍的习惯。

对于一个羽翼未丰的年轻人来说，别人每施舍一次，就等于拔掉了他的一根羽毛。所以我不能施舍他，哪怕是小恩小惠，也等于是在慢慢折掉他的翅膀。

“我也有过贫困潦倒的时候。”我想有必要和他讲讲我自己的故事，“那一次也是在车站，自己口袋里的钱不够买车票。但我没有向别人讨要，而是去杂货店买了一管鞋油和一个鞋刷，在车站帮别人擦鞋，擦一双鞋一元钱，一共擦了5双鞋，可是还不够买全程的车票。我就买了短途的票，然后在车厢里继续给别人擦鞋，一站又一站，如此反复。就这样，我擦了一路的鞋，也买了一路的票，终于到了家。”

他低着头，又一次羞红了脸。我感觉到了，这一次，是他灵魂里的羞愧。

有时候，拒绝也是一种帮助。因为我不想，拆掉你的翅膀。

在这之后的几年里，我们互相通信保持联系，我常常在信中鼓励他坚持下去。现在，他在当地已经小有名气，而且被当地文联破格录用，他也有了和我一样宽敞漂亮的办公室。他在给我的来信中真诚地表达了他的感激之情，他说：“我之所以能有今天，都是因为您的那一次‘拒绝’，拯救了一颗即将跌落山谷的尊严的心。感谢您，让我拥有了一双自尊、自强、自立的翅膀。”

一个傻子能做什么

●澜涛

他16岁那年，升入了高中二年级，他虽然更加刻苦努力地学习着，但因为智商偏低，他的成绩和同学们越拉越大。校方婉转地示意他退学。那是一个连太阳都暗淡的日子，他辍学了。因为没有文凭，又没有经验，一直没有什么地方肯用他这个“傻子”。父母开始无奈地叹息起来。他开始觉得自己是父母的一个累赘，陷入了痛苦的深渊中。

这天，他来到家附近的一个公园，坐在一个角落，凄凉地想着心事。不知道过了多久，一位老人走过来和他搭话，他注意到老人装着一条假腿，少了一只胳膊，并且瞎了一只眼睛，一种同病相怜的感觉让他将自己的所有痛苦愁绪都说给了对方，他问老人：“我什么都做不了，我是一个傻子，一个累赘，我该怎么办？”老人看了看他，笑了，没有说什么，开始吹起了口哨。随着老人的口哨声，他注意到，开始不断有鸟儿飞来，落在他和老人附近的树上，欢快地鸣叫着……良久，老人停了下来，对他说道："每个人都有一样是别人比不了的，你也有。"

他记住了老人的话，他激励着自己："我一定有一样是比别人强的。"

大约半年后，他终于得到了一份替人整建园圃、修剪花草的活儿。虽然这是一个忙碌劳累的工作，但他异常珍惜这个机会，因为他发现，他是那样的喜欢和花草交谈。他非常勤勉用心地做着。不久，人们发现，凡经他修剪的花草无不出奇地繁茂美丽。他也开始经常替人出主意，帮助人们把门前那点有限的空隙因地制宜精心装点，经他布设的花圃无不令人赏心悦目。

一天，他路过某地，注意到有一块污泥浊水、满是垃圾的场地，觉得和周围的美丽非常不协调，他主动向有关部门申请要免费整治这块空地。当天下午，他拿了几样工具，带上种子、肥料来到目的地。一位热心的朋友给他送来一些树苗，一些相熟的顾主请他到自己的花圃剪用花枝，一家家具厂表示愿意免费承做公园里的条椅……不久，这块泥泞的污秽场地就变成了一个美丽的公园，绿茸茸的草坪，曲幽幽的小径，人们在条椅上坐下来还能听到鸟儿在唱歌……

一年一年，时光流逝着，他一直没有学会外语，微积分对他而言更是个未知数，但他对色彩和园艺却异常敏感，他不断地为人们设计着花圃园林，他工作到哪里，就把美带到哪里，他的名字也开始蜚声世界，他就是加拿大风景园艺家琼尼·马汶。

永远不要看低自己，不要在世界和世人面前自惭形秽，因为，哪怕是一个“傻子”，也总有一样比别人强。

拐角处护佑你骄傲的尊严

●良安

那是我最敏感脆弱的年少时光，16 岁，读高一。

在同学的眼里，我是个成绩优异又大大咧咧的女孩，从不会感伤，也从不懂得自卑；我穿着洗得发白的校服，但照样意气风发地在全校同学面前发言；我对女孩子佩戴的手链玉石不屑一顾，因为，只是学习和班里大大小小的琐事，就足够我穿梭忙碌；我也不像骄傲的张小凡，活在自己的世界里，对谁都爱理不理。所以虽然张小凡的成绩比我还要好，但在同学们的眼里，她不过是个除了学习好长得漂亮，便再无长处可取的女孩。男生们都说，看张小凡的下巴，都快抬到天上去了，她有什么了不起呢，不过是个从农村里考来的优秀生罢了，看人家安安，比她学习也差不了多少，人缘却是比她好上几十倍。

这样的比较，周围的人时不时地便会提及。我每次都是不屑地瞥一眼，说，可不是，人家自以为是公主呢。但没有人知道，其实我不愿意这样一次次地被人拿来与张小凡做比，尽管，我总是被褒扬的那一个。可是，农村这两个字眼，还是深深地刺痛了我的心。有谁会相信呢，我极力在外人面前张扬出来的自信和豁达，不过是为了掩饰我心底淤积的更为浓重的胆怯与自卑。我的父母，即便是农民也就罢了，但他们却是从农村里，迁移到这个城市来的，最底层最卑微的居民。母亲在一家医院做洗衣工，双手长年累月都是皴裂红紫的；而父亲，则蹬着一辆三轮车，大街小巷地跑着拉散客。偶尔，我站在教室的阳台上，会看到父亲，吃力地迎着风，蹬着三轮从校门口驶过。这样的家境，让我在同学热烈地讨论着自己父母时，总会找最恰当的理由，飞快走开去。

但我还是知道，父亲，是不会违背誓言，在校门口停留的。尤其是每个周六的下午，需要父亲接我回家的时候，我假借校门口车太拥挤看不清他，还有我作为学生干部要在周六给老师汇报工作为由，让父亲在中午1点，离校门口约有一百米的拐角处等我。父亲并没有质疑，他只是怜爱地说，那可得让我们家安安多走一段路了。父亲那么爱我，他当然不知道，我在骗他。门口车多，并不会因此看不清父亲，而是会让我在家长们各式的汽车电动车摩托车里，因为一眼就瞥见父亲显眼的人力三轮，而再也不敢在不断跟我打招呼的同学面前，像往昔一样，热情洋溢地回一声“再见”。而所谓的给老师汇报工作，不过是在教室里拖延到校门口的人都走光了，没有人会看到我瞬间的尴尬与躲闪。

但还是有一个人，会让我在教室里焦灼不安地等待时间一分一秒地消逝时，愈加地烦躁憋闷。她就是我一直讨厌着的张小凡。我们之间很少说话，而这，更让周六放学后的教室，因为过分地寂静，而让人的心充塞了莫名的嘈杂和喧嚣。张小凡与我一样，会等到所有人都走光了，才离开教室。但这是她一向的习惯，即便是平常的时日，她也是赶在宿舍快要熄灯的时候，才悄无声息地推门进去。她不过是个太过用功的女孩，所以周六放学后，也要利用不多的时间，总结一周的学习。而我，却是在她均匀的呼吸里，一边哗哗翻着课本，一边祈祷她快些离开吧，这样，我就不会在拐角处，被她瞥见我隐藏在从容里的满面尘灰。可是，张小凡却总是在将要做的事结束后，才安静地离开。照例是轻扬着下巴，视线冷静淡定。似乎这个世界上，没有什么东西，能够让她畏惧。每每听着她的脚步声，在静寂的楼道里，渐行渐远的时候，我的心，才会倏地沉下来，继而迅速地收拾好书包，冲出门去。

每次父亲老远地看到我，都会开心地按起车铃。我迎着这清脆的铃声一步步走过去，总会觉得愧疚，然后便恨那个张小凡，如若不是她，父亲也不会饥肠辘辘地等我那么长时间。虽然父亲并没有说什么，但我还是知道，其实每一次，他都会提前一个多小时就来等我。如果张小凡拖延一分钟，那么，父亲也会跟着多等我一分钟。张小凡，你不就是想在外人面前表现你的勤奋吗，可你为什么偏偏在周六，还要在我面前，得意炫耀呢？

几个月后的又一个周六，我在张小凡走后，习以为常地向学校百米外的拐角处飞奔。到达拐角后，无意中一歪头，在拐角的另一侧，竟是看见张小凡，正坐在一个人工改装的电动三轮里，冲着车上一个农民工一样的朴实男人，笑说着什么。男人在发动机车的时候，看上去似乎很费力，最后是张小凡跳下车来帮忙，车才突突地发动起来。我在张小凡扭身上车的那个瞬间，迅速地转过头来，催促父亲说，快走吧。

走出去很远了，我才试探性地问父亲："刚才那个拐角处的男人，你认识么？"父亲沉默了片刻，才轻声回道："只是说过几句话，他左腿在工地上落下了残疾，只好开了电动三轮出来拉些散活，他女儿几次让他去校门口等着，他都不肯，该是怕女儿的同学看见了，难为情吧。"我在父亲淡淡的讲述里，突然地有些难过，我终于明白了张小凡沉默又倔强的眼神，明白她在周六的晚归，只是为了维护自己父亲那骄傲的尊严，明白我和张小凡之间，原来，相差的，不只是成绩。

而父亲躲在拐角处，默默护佑着我的自尊时，隐忍住的失落和寂寞，年少的我，又怎么能真正彻底地明白？

不好意思拒绝，他付出12年代价

•谷子

50 岁的西安人陆步轩是家喻户晓的名人，他的出名，就是因为以“北大才子”的身份去从事“屠夫”的工作。

1985 年，陆步轩以西安市长安区文科第一名的成绩考入中国最著名的、一流高等院校——北京大学——中文系；经过四年苦读，于 1989 年毕业，并被分配至长安区柴油机厂工作。但是，仅仅工作了一年，1990 年陆步轩就主动放弃了这份国有企业铁饭碗工作，开始卖猪肉谋生。2003 年，北大才子陆步轩卖猪肉被媒体报道出来，全国众多媒体转载，陆步轩还被冠以“北大屠夫”称号，引起全国关于高校人才话题的讨论。2004 年有关人员做陆步轩的思想工作，特别是有些领导说他的行为“对母校北大带来了负面影响”，实际上就是指责他“给北大抹了黑”。陆步轩不好意思拒绝，勉强同意进入长安区档案馆工作。

12年后，没想到的是陆步轩又重操旧业——他对外宣称：自己已辞去那份令他后悔的工作，开始重新操刀卖肉。

陆步轩对记者说，要实现自我定义的价值，还得靠自己出来去市场上体现。

但是，就是因为当时自己不好意思拒绝领导的好意，12年的光阴转瞬即逝了。

一个人的一生能有多少个12年？如果我们按照活到75岁来计算，除去上学的20多年，也就剩下50来年，12年差不多四分之一的人生就这样滑过去了。

据说陆步轩递交辞职报告时，领导曾要求他再干三年，到时候给他办个内退，就没有后顾之忧了。当记者问他12年都坚持下来了，三年难道不可以坚持吗？老陆回答的毫不含糊："三年我也等不了了。"当记者问他"与想象差距太大"的具体含义是什么时，他的回答是这样的：

"每天都和文字打交道，编一些细碎的、很差的稿子，枯燥琐碎没有提升，也没有学术上的造诣。进去本就是为了做点学问，实现人生价值，结果我一看比较渺茫。"

"别人也劝我，再坚持三年，满了工龄，可以提前退休。但我觉得时间不等人了，我现在已经50多岁，还能奋力做几年？现在就得分秒必争，三年我也等不了了。"

重操"屠夫"职业，除了上述原因，当然还有经济上的原因：

“基层公务员工资比较低，我刚进去拿1000块钱，现在是5100块。我得养活老人、两个孩子。这几年单位的工资基本没什么积累，之前之所以没问题，是因为有最开始卖猪肉攒的钱，吃老本。现在老本也吃完了，只得重操旧业。”

“开始觉得档案馆是文化部门，本来我想应该还好，但后来发现自己并不适应，其实我2012年就有辞职的想法。”

不论怎么说，让我们感觉欣慰的是，老陆终于抛开了面子心理，坚持自己的想法。尽管有人还在做一些所谓的开导，他却没有再背着“给北大抹黑”这个沉重的包袱继续“不好意思”，虽然50岁了，但是如果身体不出意外，毕竟还可以继续干个十年甚至二十年。由此，在我的心里不由得为陆步轩放下面子心理，追求自己的心愿，重走有价值的人生之路而喝彩。

没必要在意别人的眼光

●陈立红

面子，应归属人情法则。于外，是人际关系能够维持的砝码；于内，是桎梏身体行为的枷锁。几乎所有人都将“面子”视为珍宝，谨小慎微地捧在手心，绞尽脑汁去维护。

如何对待面子，一直是人类的困扰。照顾面子，就有可能要放弃原则，彻底败在面子之下；不给面子，就被人指责是“黑脸包公”，似乎于情有“失”。殊不知，这于理何尝不是一种可贵的“得”呢？

董明珠，1990年进入格力集团。十年间，一步一步从基层做到总裁，无不透着她的业务霸气和独当一面的领军能力。也正是这种强悍、强硬的强势性格，贯穿着她的格力生涯，使她在业界叱咤风云，成为福布斯榜上的“亚洲商界权势女性”。当然，这20余年的拼搏，不乏一些有关“面子”的事。

做业务经理时，为了追缴货款，她无法顾及自己那么高的学历，常常要丢下平常自己很重视的“面子”，舍掉骨子里的“不好意思”，对欠款方经理进行围追堵截，直至对方答应还款。甚至对有些恶意拖欠货款的，她泼辣地亲自拖拽货物回公司，吓得很多合作公司怕了她的行事风格，再不敢拖欠货款。之后在她的倡导下，直到现在，公司都保留一项规定：任何公司都要先付款后提货。

她严格执行公司制度，坚决不给“面子”。一次，临下班前几分钟，她看见几个员工在吃零食，马上宣布每人罚款五十。被罚的人觉得委屈，说吃的不是自己买的。她说，好，那就罚买东西的人一百，财务入账。事后得知，这人家庭困难，一百元对于他也算是不小的数目，就私下里给他一百，说：“这并不是把钱退给你，罚款已经充公，作为员工就要遵守工作制度，没有情面可讲。”

她上任董事长以后，发现集团管理上存在一些问题，就果断进行梳理。几个平时关系不错的人找到她，试图要点面子，希望能留下职权并且既往不咎。她毫不留情地说：“公司的制度大于一切，如果放过一个破坏制度的人，就会有无数双眼睛盯着，甚至效仿，处理不当就会失去执行力，何以管理整个公司？给错误留面子，就是杀戮原则，就是无视责任！”

诚然，撕去不好意思的面纱，有策略性地表达与行动是必要的，这样就可以去芜存菁，大有裨益。所以，她成功了，她把企业带上了世界航道前驱。

纵观成功背后，有多少不为人知的艰辛，又有多少被你抱得死死的所谓尊严和面子呢？

1988 年春，酷爱音乐艺术的蔡大生，为了追求更高层次的梦想，毅然奔赴音乐之都雅典，参加一个国际大考。原以为，考试期间可以间或出去打工，解决这段时间的吃饭问题。可谁知，他的签证是应邀参考而不是劳务输出。面临钱额所剩无几却无法找到工作，他不得不最大限度地省吃俭用，甚至一天只吃一顿冷水泡面。那种清苦，可想而知，相比在家衣食无忧的生活，他落泪了。但是，为了生命里的最爱，他没有理由放弃！

他相信天无绝人之路！一番沉思，决定放下面子去寻求警察的帮助。警察很诧异地说："对不起先生，如果是这样，我们也很难帮到你。"他递上邀请函非常诚恳地说："我来贵国参加一个音乐考试，钱已用完，但签证不允许我求职，没办法，可是我必须吃饭啊！"

西方国家的文明在于对文化素养的尊重。他们被眼前的年轻人所打动，于是，就拿来吃的给他。他很绅士地谢过之后，动情地唱起了《我的太阳》。他专业的歌声获得众人的惊叹和赞许的掌声，而且得到热情的邀请，可以每天都来唱歌。就这样，他不但可以每天得到练声机会，还可以渡过饱腹难关。

功夫不负有心人。考场上，他极富感染力的歌声征服了11位评委，顺利敲开皇家歌剧院的大门，成为剧院签约演员。

放下面子，也许会感到尊严受辱，但你真的没必要在意别人的眼光。你所做的一切都是在为自己的人生负责，只有吞得下委屈，才能喂大别人难以企及的大格局。应该说，适时放下面子是智慧的选择，放下面子就是卸下心灵重负，而后才可以轻装上阵，才可以坦然成功。

战胜“不好意思”

●[美]迈克尔·斯塔维奇　孙开元　编译

几年前的一天，我下班后打算坐火车回家，路程一共不过30英里。在车站里，我看到一个年轻的母亲和她生病的儿子，可能和我在等同一列火车。那个男孩看上去大约三岁左右，和我的儿子年纪差不多。男孩剃着光头，身上瘦得可怕，这一切显示出他可能患有癌症。他想把一小瓶水拿到嘴边，就连做这么一个简单动作时他的手都在哆嗦。他刚喝几口，就趴在一个塑料袋上呕吐起来。他的妈妈关切地照顾着孩子，但是似乎有些焦躁不安。孩子呕吐时，她使劲扶着孩子的脑袋，以免他吐得到处都是。

我的心一沉。我为他们感到伤心，在那个站台上，母亲和孩子两个人都处在那样巨大的痛苦之中。我非常想和那位母亲说说话，给她一句鼓励，让她从烦乱的思绪里暂时解脱一下。我想对那个男孩说，我有两个儿子，和他年纪差不多，他可以和他们成为好朋友，但是我什么都没说出来。我不敢走近一个我不认识的人，迈出这一步需要克服心中的脆弱，我做不到。

为了给自己没有帮助他们找借口，我连忙在心里这样安慰着自己：就算你走过去，能和他们说啥？你有什么可给他们呢？钱？你又不是有钱人。时间？你是朝九晚五的上班族。鼓励？你能帮忙照顾那个男孩吗？

那一天，我没和他们说话，这成了我永远的遗憾。

在我被动地和陌生人交流时，比如在商店问店员某件东西时，我不会很害羞。然而要让我主动和一个陌生人交流，特别是如果对方是一位很有魅力的女士时，我作为男士就不好意思先开口说话。我让恐惧给吓瘫了，心里一个劲儿地告诉自己不要和对方说话。

后来在写《从害羞到“嗨”》这本书的过程中，我回忆起了一些临床心理学书籍中，对于害羞引起的人的各种身体感受所给出的定义，这些定义简直就是在说我。为了改变自己的害羞弱点，我为自己确立了一些信念，核心信念之一就是坚信，如果我放弃，永远不会见到结果。人在起跑线迈出第一步的时候就没有足够的动力，怎么能达到目标？

我的另一个核心信念是，即使最不起眼的行动也会带来结果，甚至最不起眼的结果也比一成不变要强。所以可以说，半途而废是不理性的。确实，我的努力见到的结果也许令我失望，但如果我放弃尝试并且在害羞面前无所作为，连最不起眼的改变都不会出现。

我决定先和陌生人进行目光接触，对他（或她）投以微笑。自从我挑战自己，把和陌生人交流当成习惯，一段时间之后，我的生活发生了一些改变：我结识了一些新朋友，包括网上的、现实生活中的；我拓展了职业技能，找了份新工作（薪水增加了35%）；我知道如何在网上建立交际圈；我成功地减了肥，过去三年一直保持标准身材；我成为作家，出了12本书，卖出了17000本；我的故事影响了其他人，几位读者看了我的书后，他们也开始写书并且已经出版。

这些事都是我以前不敢想的，但最重要的是，我更喜欢他人了，我不再是躲在壳子里的可怜虫。

2012年2月，一位著名作家邀请我去做一次演讲，并且打算将演讲视频上传到网上。我答应了他，坐火车时，我注意到坐在我身边的一位老太太正在祈祷。我想："我平时也祈祷，问问她在祈祷什么。"这时，我的害羞又站了出来，在脑子里对我说："人家会烦你，不要问！"

但是我这次战胜了恐惧，和老太太搭起了话。原来她有两个孙子都患有重病，一个是心脏病，另一个是自闭症，而且老太太的儿子没钱给孩子治病。从此，我定期拿出钱给老太太寄去。

老太太的儿子是位无神论者，经常嘲笑基督教徒，后来，我的行动感动了他，他不再嘲笑有信仰的人。而且，去年圣诞节时，他说他的妈妈现在不但为孙子祈祷，还为我祈祷，我听了，感动得落下了眼泪。

我和老太太的谈话改变了我的生活，也让别人的生活更美好，这是第一次，但绝不是最后一次。我的脑子斗争过，我胜利了。

现在，我更有爱心了，我从害羞的束缚中摆脱了出来，过上了一种更有爱的生活。

别让“不好意思”的面具遮挡了你的人生

• 文鸢

之于“不好意思”，似乎每个人都经历过。或因为不好意思阐明观点，或怕人家说“显摆”而不好意思表现自己的才能，这一切的一切，最终都将与自己的期望擦肩而过，甚至遗憾终生。

随着社会的不断发展，工作中的竞争也会越来越激烈，尤为突出的就是同事之间的竞职选拔。如果我们总是顾虑太多，而不好意思表达自己，不好意思把自身的实力毫无保留地展现出来，即使你是一匹千里马，又如何被伯乐发现呢？当你被伯乐发掘，却碍于情面，不与人争锋，不尽情释放筋骨里的才华，你又怎能不错失跃居魁首的机会呢？

小吴和小张是多年同事。相比小吴的踏实认干，小张更显得机灵老练，是那种让人“一搭眼”就喜欢的坯子。得知公司销售经理空缺的消息，小张更是铆足马力，处处不忘表现自己的才干，当然都是常态表现，并没有“暗度陈仓”之嫌。而小吴则念及友情，在唯一的经理名额面前，他却步了。他不想因为竞争而伤害多年的友情，所以只在岗位上拘于本职，把更多的大展身手的机会礼让给小张。如此一来，自然就与伯乐擦肩而过，那么，之于他的命运就可想而知了。就算是苍天开眼，恐怕也是要多等好多年。

同事之间的友谊固然重要，但是公平竞争并不是摧毁友谊的毒药，反而会让你们齐头并进。如果你的朋友因为公平竞争而心存芥蒂，背地里“下绊子”，阳奉阴违地踩着你的肩头向上爬，那么你应立刻放弃这样的朋友，没有什么不好意思的。面对真实的自己，可以与君子坦诚笑逐颜开，谁能容忍与卑劣为伍呢?

小吴的遭遇让我想起了我刚毕业的时候。那时我在一家互联网公司做网络销售，工作的内容就是每天重复几套经典话术邀约客户。大约一周左右的时间，有一个和我持续网联中的客户签约意向很大。我虽然以“佼佼网络手”而被公司录取，但我知道，我的短板却是一着急说话的时候就会轻微结巴，在人面前难免有些尴尬。况且初来乍到，很多专业问题我都无法解决，担心见面时会紧张得面红耳赤。眼看客户越来越没有耐心，我连忙寻求身边同事的帮助，已经工作半年多了的他自然就迎刃而解。已时机成熟，需要必须见面会谈才能“拿下客户”。也是因为当时我业务不熟练，害怕交流时用错商业术语，而被客户耻笑不专业，我又把客户的联系方式交给了那位同事，让他“代我出征”，我做随从，直至最后签单。

当时我们公司的规定是：电话是谁打的这个客户就属于谁，最终成交提成也属于谁。但是这一单除了是我联系的以外，从头到尾面谈的都是我的同事，我完全是被架空的陪客。虽然成功签单后同事分给了我部分提成，却没能积累业绩。真是悔恨啊！悔恨当初因为顾忌害怕失去“业务不专业”的面子，又怕“一着急就结巴”引发的尴尬，我错失了高额的提成，也失去了转正的大好机会。

美国一位作家曾说过：“愚昧的一致性是小心眼中的妖精。”就是说，人无完人。每个人都有优点和缺点，在时光碾压的流年里，每个人都在不断打磨中完善自己，让自身趋于完美；世间不存在没有一点缺陷的人，倘若你一味钻进缺陷里自惭形秽，那么你必然就是愚昧的，必然会被那个“小心眼的妖精”所俘虏。而“不好意思”恰是我们最先要改掉的缺点。如果你提起这个不好意思，说到那个还是不好意思，整天不好意思以真我示人，是不是活得很乏累呢？

因为不好意思，我们可能会失去一份好的工作，或是一份美好的爱情，甚至是更大的利益！还是让我们卸下这“不好意思”的面具吧，别因不好意思毁了自己的大好人生，成为悔之不及的傀儡，任命运摆布。

向陌生人借钱

●［印度］N·杜贝　孙开元　编译

还是在1977年的时候，我刚刚在辛迪加银行孟买分行当上试用员工。我来自克拉拉邦乡下，在这里废寝忘食地跟上城市节奏。

一个忙碌的上午，一位办事员递给我一张印度银行1万卢比的支票，让我盖章。我看了一眼支票，貌似没有什么问题，就在上面盖上了章，然后把钱打入了这个账户，继续干我的工作。到了下午，结算部的一位同事过来通知我，支票被退了回来，写支票的人在印度银行的账户里根本没有一分钱。作为新入职的员工，我还没有对支票进行彻底核实就匆匆盖了章，现在只有兑回支票。但是接着我发现客户已经取走了他账户里的钱！我遇到麻烦了。

“现在，你有责任把这笔钱补上。”我的老板——分行经理对我说。他还警告，如果我不能在一天之内把钱补上，他就必须把这件事上报给地区经理。我是在试用期，这个疏漏会导致我丢掉这份工作；而且我也补不齐这笔钱，那时候 1 万卢比对我来说是一大笔钱，相当于我 10 个月的收入，而且我刚 23 岁，没有存款，在孟买也没有亲朋好友。一位同事建议我找到使用这张支票的客户，让他把钱存进这个账户。第二天上午，我找到了这位名叫帕尔马的客户，他住在离银行仅几分钟步程的一个贫民区。帕尔马告诉我，他是个工人，已经把支票里的钱花了。我看出帕尔马对于我的困境很是同情，并且承诺分期把钱补上，但那样已经来不及。

接下来，我决定到填写这张印度银行支票的维卡斯先生那里试试运气，他办理支票的印度银行孟买营业部在这座城市的另一个区。我找到了那里的经理，央告了半天，他才透露，维卡斯是个不可靠的客户，他填写的支票经常遭到退票，他的账户一共只有 100 卢比。

“你为何不找找本地珠宝商扎韦里先生呢？”那位经理看我那么无可奈何的样子，于是提建议，“是他介绍维卡斯在我们这里开户。他的店离这儿不远。”

我犹豫了，我又不认识扎韦里，怎么好意思找他？但是我实在走投无路，只好硬着头皮走进了扎韦里的珠宝店，请求见一见店主。等了一会儿，有人把我带进了一间办公室，中年的扎韦里正坐在他的办公桌前，一手拿着电话听筒，另一只手在纸上写着什么。

“小伙子，什么事？”他问我。

我把事情原委告诉了他，请他劝说维卡斯把钱存入账户。扎韦里给我的银行经理打了电话，核实了这件事。

“如果这件事得不到解决，会有什么后果？”扎韦里问我。

“我会被开除。”我说着，眼圈发红，“我现在只是个试用员工。”

他想了一下，然后打了个电话。很快，一个人走了进来。扎韦里和这个人用古吉拉特语说了几句什么，我没听懂。

“这是我们的会计，你跟他去吧。”扎韦里跟我说着，伸出手和我告别。

我跟着会计走了出去，不知道接下来会发生什么事。

“在这儿等一下。”会计一边说，一边走开了。过了一会儿，他回来了，手里拿着一摞现金。

“这是1万卢比。”他说，“把这些钱存进那个银行账户。”

我愣住了，扎韦里给了我这么多钱，而他根本不认识我！

“请代我感谢扎韦里先生。”我惶恐地说，“我永远不会忘了这件事。”

“不用过意不去，小伙子。”他和善地拍了拍我的后背，

“你安心工作，我们会让维卡斯还这笔钱。”

我把钱塞进裤兜，回了银行，把钱存进了那张支票，这才松了口气。经理此后没上报过这件事，我在辛迪加银行一直干了20年，后来我也当上了高级经理，直到自愿退休。如果不是遇见了一位好心的珠宝商，如果我没能克服“不好意思”去求助这位陌生人，我的人生故事就将与此完全不一样。

两分虚荣

●杨文凭

虚荣心强的人，华而不实，在物质上搞攀比，在社交上好出风头，在人格上很自负，与其说是为了与众不同、博得尊严，还不如说自以为是，最大程度满足面子。

我有一个老乡，自己家里的29寸电视说成42寸，自己拿4000元的月薪说成6000元的月薪，身上穿着200元的衣服说成2000元的，跟车间主管吃饭说是公司老总请的，给有喜事的同事才送100元的礼竟说送了300元，总之，凡事要比现实中提高一些。久而久之，大家不再相信他。这些年，他靠这些虚荣来满足心灵，追求面子上的风光，自己也不求上进，所以他在那家工厂干了十年，还只是一个普通的操作工，最后还落下了“三牛皮”的称号。

我听说一个人吹牛皮，差点把儿子的命“吹丢”了。他在一次酒桌上，半斤白酒下肚后，就说自己很有钱，有300多万的存款。几天后，上幼儿园的儿子遭遇绑架，要200多万的赎金，结果只能拿出20万，幸亏在歹徒撕票时，警察解救及时。

其实，人多多少少都有一点虚荣心，只要不太过分，那是人之常情。

20世纪九十年代中期，流行BP机，很多人都用不起手机，但在深圳一家工厂跑销售的升叔，却给自己买了一部手机。以他的收入，手机就是一个奢侈品，再加上当时话费、月租费都贵，一般人养不起手机，而且他家里的粮食不足，需到处跟乡亲们借，才能过完一年。大家都说升叔爱慕虚荣，喜欢面子，一个饭都吃不饱的人还配什么手机啊？

10年后，手机已非常普及，升叔已是一家公司的营销总监。聊起了手机的事，他说，以他当时的经济收入，根本养不起手机，也完全没必要配手机，但他还是狠心弄了一部，驱使自己必须努力赚钱，才能用得起手机，才不被人看扁。也就是在这样的念头驱使下，他努力工作，不仅用得起手机，还从一个普通的营销员，做到了部门主管、营销总监。

可以说，是那点小小的虚荣，让升叔不断努力，从而获得成功。

因出演“肥猫”一角而家喻户晓的香港著名演员郑则仕，四年级时就梦想成为一名演员，并参加一些比赛。当记者问及为何这么想进演艺圈，郑则仕便说：“我进演艺圈，其实就是因为贪慕虚荣。你看，你拍一部作品，希望观众喜欢你，认可你，这其实就是贪慕虚荣。我们抱着贪慕虚荣的心态，才能成功。因为贪慕虚荣是要付出代价的，可能要你付出一辈子的心血和努力，不是光说说那么简单。我们什么都能贪，但是关键要看用什么方式，有没有付出真心去‘贪’这个东西，然后一步一个台阶走踏实，用自己的努力去拿到。”

人有虚荣，两分足矣，让虚荣化作无形的正能量，随时鞭策自己向成功的大道前行。

人生，拐弯的智慧

•钮勤章

有人说，人在前进的路上就是两件事——前进与拐弯。前进需要勇气，拐弯需要智慧。人生天地之间，所走过的路，很难有笔直的。当自己的生命行程遭遇困厄的时候，不要因为种种理由而不好意思，需要我们学会拐弯。爱因斯坦曾说：“人的最高本领是适应客观条件的能力。”人要抛弃所谓的面子，主动去适应这个世界，拐弯自然是少不了的！拐弯在人生的字典里是个关键词，由于每个人对这个词理解、掌握和运用的水平不同，就出现了愿不愿、会不会、善不善拐弯的多种情形，由此就造成了千差万别的人生，演绎出五彩缤纷的世界。

有一种生活在深海中的马嘉鱼，渔人捕捉它们的方法很简单。用一个孔眼粗疏的网子，下端系上铁块，放入水中，由两只小艇拖着，拦截鱼群。这种方式让人感到不可思议，三面都敞开孔眼，然而渔民们却将一船船的马嘉鱼拖回港口，为什么？原来，这种鱼的脾气特别大。当遇到阻挡的时候，不会拐弯，越受阻越往前冲，所以一条条“前赴后继”地陷入网中，网孔随之紧缩。孔越紧，马嘉鱼越是愤怒，更加拼命地往前冲，结果一条条“坚强”的马嘉鱼被网孔牢牢地卡住，为渔人所获。

马嘉鱼的悲剧成就了渔人，可我们的人生要是这样的话，就会害苦自己。进不了，就退回去，碍什么面子呢？是的，我们需要前进的勇气；但是，人与马嘉鱼不一样，应该有理性思考的能力，当我们发现前面是万丈深渊，就不要不好意思，拐一个弯不就得了！“山重水复疑无路”，拐个弯就是“柳暗花明又一村”！

“拐弯”饱含人生的大智慧，在人生的漫漫长途中，平坦处，当居安思危；险峻时，当抱柳暗花明之念。“山不转水转，路不转人转，人不转心转。”丢下所谓的面子，学会机智地“拐弯”，脚下总能走出一条洒满阳光的道路。

杰出的语言文字学家、“汉语拼音之父”周有光，百岁老人，除了耳朵需要戴助听器外，思维敏捷，笔耕不辍，每月都有相关文章发表在国内外的报刊上。一次，央视崔永元问起他的长寿秘诀时，周老说：“凡事要想得开，要往前看。”主持人开玩笑地说：“要是我还是想不开呢？”周老跟着一句说：“拐个弯，不就想开了嘛！”周老认为“拐个弯，坏事就是好事”。他还提醒人们说：“自杀的人，就是他走到要拐弯的地方，他不能拐弯，就只好死了。”周老的“拐弯说”，是他百岁养生经验的总结，也是他百年人生的智慧，更是对人们的忠告！

好莱坞红极一时、风光无限的克里斯多夫·李维，在一场激烈的马术比赛中，意外坠落马下，这场飞来的横祸致使他高位截瘫，改变了他的人生。当他从昏迷中苏醒过来，内心充满了痛苦，他无法接受这个事实，对家人说出的第一句话就是：让我早日解脱吧。出院以后，为了让他散散心，平息他肉体和精神的伤痛，家人推着轮椅上的他外出旅行。

他无意中发现每当车子即将行驶到无路可走的关头，路边都会出现一块交通指示牌，“前方拐弯！”而拐过一道弯之后，前方照例又是一片柳暗花明、豁然开朗。山路弯弯，峰回路转，“前方拐弯”几个大字一次次地冲击着他的眼球，也渐渐敲醒了他的心扉：原来，不是路已到了尽头，而是路该拐弯了，他恍然大悟，冲着妻子大喊一声“我要回去，我还有路要走”。

自此，他从竞赛场失败的不好意思之阴霾中看到了新生的希望，以轮椅代步，当起了导演，他首次执导的影片就获得了金球奖，他还用牙关紧咬着笔，开始了艰难的写作，同时他创立了一所瘫痪病人教育资源中心，并当选为全身瘫痪协会理事长；他还四处奔走，举办演讲会，为残疾人的福利事业筹集善款，成了一个著名的社会活动家。

水能奔涌回归大海，就是因为它巧妙地避开所有障碍，不断拐弯前行。一个人一生不可能不犯错误，不走弯路，但经常反思自己，反思自己所走过的道路，反思人生的得与失，山不转，路转；路不转，人转。只要心念一转，逆境也能成机遇。知道自己为什么会犯这样的错误，知道自己的错误在哪里，想明白了，想通了，以后再遇到人生的拐弯处就知道适度拐弯了。只要你心里拐个弯，就会路随心而转从而超越自我，开创新的天地。

拐弯，并不是懦弱的表现，也无须不好意思，它是我们一定要学会的人生智慧。所以学会拐弯吧！路在脚下，更在心中，心随路转，心路常宽。学会拐弯也是人生的聪明，因为挫折往往是转折，危机同时是转机。

其实，很多场合，过于注重面子无效，但拐弯有效。

荒芜也能开出花来

●张素燕

喧闹的贸易街上，他骑着电动三轮车，满面春风，随身带的小喇叭里不断地放着提前录好的声音：“馒头、糖包、湿面条……”不时有人过来买东西，他则快乐友善地给顾客装好，亲切地递给顾客。

我的心愕然一惊，我不会看错了吧，他竟然是个卖馒头的？当我定睛细看确认是他后，内心久久不能平静，眼前又浮现出那灵动的身姿和优美的舞步……

那是在晚饭后，我和邻居去广场散步。广场上游玩的人熙熙攘攘，热闹非凡。突然看到一个角落里围着一群人，我们便走了过去。原来是在跳交谊舞，其中就有他。优美的旋律，灵活的身体，曼妙的舞姿和舒缓的音乐融合在一起，是那样令人沉醉，令人神往。他是现场跳得最好的人，他获得的掌声也最热烈。只见他满面春风，潇洒灵活地舞动着，旋转着，适当的时候也很绅士地带着舞伴转几个圈，动作是那样温柔、轻盈、灵动，有韵致。想象着这应该是怎样的一位男子，肯定有令人羡慕的工作，有美丽贤淑的妻子……

得知他是卖馒头的，我便一路打听来到了他的馒头作坊。这是一间矮小破旧的简陋砖房，但里面却收拾得干净整洁，摆设井然有序。靠墙一台压面机，中间是一方和面的大案板，角落处放着十几袋面粉。他戴着口罩，围着围裙，忙碌地工作着。能看得出他走动的步伐依然是那样轻盈，灵动。我买了馒头正要走，迎面碰到一个坐轮椅的女人，相貌平平，但却干净整洁。他竟摘下口罩温柔地对她说："就在门口晒太阳吧，别往远处去了。"女人报以幸福的一笑说："我没走远，刚才就在旁边。"他忙送来一杯水，看着女人开心地喝完，他疼爱地抚摸着女人的肩膀。我再一次震惊了。这竟然是他的妻子。

周边的街坊邻居说："这孩子命苦呀。从小就没了爹娘，吃百家饭长大的，饥一顿饱一顿，落了一身毛病。好不容易娶个媳妇吧，又出了车祸，坐在轮椅上不能动，全凭他伺候。他一个人支撑着这个家，真的很不容易呀！"

后来在买馒头的间隙就与他聊了起来。我问道，你不觉得累吗？他很坦然地说："累不累全凭感觉，就好像有人问你时间长不长一样，不同的人有不同的感觉，对于等待者，时间太慢；对于悲伤者，时间太长；对于欢乐者，时间太短；对于相爱的人，时间永恒。我就属于后两者。生活赋予我们美好的一切，我们去快乐地享受，哪还能感觉到累呢？”

突然记起曾看到的一句话：“当你以为你的心已经荒芜，它却会出其不意开出花来。那一刻，所有的荒芜都成了往事。”

只要心中充满阳光，无论命运怎样，际遇如何，都不会抬不起头来。看似荒芜的田地，谁又能阻止它开出花来呢。